中国饮食文化史

The History of Chinese Dietetic Culture

国家出版基金项目
NATIONAL PUBLICATION FOUNDATION

The History of Chinese Dietetic Culture

Volume of Northeast Region

中国饮食文化史·

「十二五」国家重点出版物出版规划项目

国家出版基金项目

中国饮食文化史主编　赵荣光

东北地区卷

主　编　吕丽辉

副主编　王建中　姜艳芳

中国轻工业出版社

图书在版编目（CIP）数据

中国饮食文化史. 东北地区卷 / 赵荣光主编；吕丽辉分册
主编. —北京：中国轻工业出版社，2013.12
国家出版基金项目　"十二五"国家重点出版物出版规
划项目
　　ISBN 978-7-5019-9420-5

　　Ⅰ.①中… Ⅱ.①赵… ②吕… Ⅲ.①饮食—文化史—东北
地区 Ⅳ.①TS971

中国版本图书馆 CIP 数据核字 (2013) 第194677号

策划编辑：马　静
责任编辑：马　静　方　程　　责任终审：郝嘉杰　　整体设计：伍毓泉
编　　辑：赵蓁苝　　　　　　版式制作：锋尚设计　　责任校对：李　靖
责任监印：胡　兵　张　可

出版发行：中国轻工业出版社（北京东长安街6号，邮编：100740）
印　　刷：北京顺诚彩色印刷有限公司
经　　销：各地新华书店
版　　次：2013年12月第1版第1次印刷
开　　本：787×1092　1/16　印张：18
字　　数：262千字　　插页：2
书　　号：ISBN 978-7-5019-9420-5　定价：78.00元
邮购电话：010-65241695　传真：65128352
发行电话：010-85119835　85119793　传真：85113293
网　　址：http://www.chlip.com.cn
Email：club@chlip.com.cn
如发现图书残缺请直接与我社邮购联系调换
050858K1X101ZBW

感谢

北京稻香村食品有限责任公司对本书出版的支持

饮其流者
怀其源

感谢 感谢 感谢

中国农业科学院农业信息研究所对本书出版的支持

浙江工商大学暨旅游学院对本书出版的支持

黑龙江大学历史文化旅游学院对本书出版的支持

落其实者
思其树

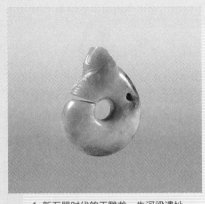

2. 前燕时期的釉陶羊尊，辽宁北票喇嘛洞墓地出土（《辽宁文化通史》，曲彦斌提供）

1. 新石器时代的玉雕龙，牛河梁遗址出土（《辽宁文化通史》，曲彦斌提供）※

3. 商代大甸子兽面纹陶鬲，内蒙古敖汉旗出土（《辽宁文化通史》，曲彦斌提供）

4. 北燕圜底提梁铜壶，辽宁北票冯素弗墓出土（《辽宁文化通史》，曲彦斌提供）

5. 辽代《备茶图》，河北宣化10号辽墓前室东壁壁画

※ 编者注：书中图片来源除有标注者外，其余均由作者提供。对于作者从网站或其他出版物等途径获得的图片也做了标注。

1. 辽代《温酒图》，河北宣化辽墓壁画

2. 唐三彩角杯，辽宁朝阳唐勾龙墓出土
（《辽宁文化通史》，曲彦斌提供）

3. 金代青白玉透雕海东青捕天鹅带扣
（观复博物馆提供）

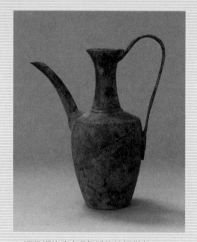

4. 辽代铜执壶（观复博物馆提供）

5. 辽代银鎏金双狮纹果盒，内蒙古阿鲁科尔沁旗耶律羽墓出土（李理提供）

1. 女真族崛起时期的满族饮食生活（《满洲实录》
"额亦都招九路长见太祖"，李理提供）

2. 清乾隆款粉彩多穆壶
（李理提供）

3. 清乾隆年间粉彩满大人碗（观复博物馆
提供）

4. 清晚期铜胎画珐琅人物纹火
锅（观复博物馆提供）

5. 清乾隆时期，上
层贵族于节日
期间的聚会场
面（《清俗纪闻》
"吉期待客"，李
理提供）

1. 清乾隆皇帝率内外王公、文武大臣于紫光阁筵宴，图为《紫光阁筵宴图》（李理提供）

2. 清《光绪大婚图》"太和殿筵宴"（李理提供）

3. 清乾隆皇帝在木兰围场狩猎期间，于避暑山庄万树园大蒙古包筵赏蒙古王公贝勒，以联络满蒙之情，图为《万树园赐宴图》（李理提供）

各分卷名录及作者：

◎ 中国饮食文化史·黄河中游地区卷

　　姚伟钧　刘朴兵　著

◎ 中国饮食文化史·黄河下游地区卷

　　姚伟钧　李汉昌　吴昊　著

◎ 中国饮食文化史·长江中游地区卷

　　谢定源　著

◎ 中国饮食文化史·长江下游地区卷

　　季鸿崑　李维冰　马健鹰　著

◎ 中国饮食文化史·东南地区卷

　　冼剑民　周智武　著

◎ 中国饮食文化史·西南地区卷

　　方铁　冯敏　著

◎ 中国饮食文化史·东北地区卷

　　主编：吕丽辉

　　副主编：王建中　姜艳芳

◎ 中国饮食文化史·西北地区卷

　　徐日辉　著

◎ 中国饮食文化史·中北地区卷

　　张景明　著

◎ 中国饮食文化史·京津地区卷

　　万建中　李明晨　著

序言

鸿篇巨制　继往开来
——《中国饮食文化史》（十卷本）序

卢良恕

　　中国饮食文化是中国传统文化的重要组成部分，其内涵博大精深、历史源远流长，是中华民族灿烂文明史的生动写照。她以独特的生命力佑护着华夏民族的繁衍生息，并以强大的辐射力影响着周边国家乃至世界的饮食风尚，享有极高的世界声誉。

　　中国饮食文化是一种广视野、深层次、多角度、高品位的地域文化，她以农耕文化为基础，辅之以渔猎及畜牧文化，传承了中国五千年的饮食文明，为中华民族铸就了一部辉煌的文化史。

　　但长期以来，中国饮食文化的研究相对滞后，在国际的学术研究领域没有占领制高点。一是研究队伍不够强大，二是学术成果不够丰硕，尤其缺少全面而系统的大型原创专著，实乃学界的一大憾事。正是在这样困顿的情势下，国内学者励精图治、奋起直追，发愤用自己的笔撰写出一部中华民族的饮食文化史。中国轻工业出版社与撰写本书的专家学者携手二十余载，潜心劳作，殚精竭虑，终至完成了这一套数百万字的大型学术专著——《中国饮食文化史》（十卷本），是一件了不起的事情！

　　《中国饮食文化史》（十卷本）一书，时空跨度广远，全书自史前始，一直叙述至现当代，横跨时空百万年。全书着重叙述了原始农业和畜牧业出现至今的一万年左右华夏民族饮食文化的演变，充分展示了中国饮食文化是地域文化这一理论学说。

　　该书将中国饮食文化划分为黄河中游、黄河下游、长江中游、长江下游、东南、西南、东北、西北、中北、京津等十个子文化区域进行相对独立的研究。各区域单独成卷，每卷各章节又按断代划分，分代叙述，形成了纵横分明的脉络。

全书内容广泛，资料翔实。每个分卷涵盖的主要内容包括：地缘、生态、物产、气候、土地、水源；民族与人口；食政食法、食礼食俗、饮食结构及形成的原因；食物原料种类、分布、加工利用；烹饪技术、器具、文献典籍、文化艺术等。可以说每一卷都是一部区域饮食文化通史，彰显出中国饮食文化典型的区域特色。

中国饮食文化学是一门新兴的综合学科，它涉及历史学、民族学、民俗学、人类学、文化学、烹饪学、考古学、文献学、食品科技史、中国农业史、中国文化交流史、边疆史地、地理经济学、经济与商业史等学科。多学科的综合支撑及合理分布，使本书具有颇高的学术含量，也为学科理论建设提供了基础蓝本。

中国饮食文化的产生，源于中国厚重的农耕文化，兼及畜牧与渔猎文化。古语有云："民以食为天，食以农为本"，清晰地说明了中华饮食文化与中华农耕文化之间不可分割的紧密联系，并由此生发出一系列的人文思想，这些人文思想一以贯之地体现在人们的社会活动中。包括：

"五谷为养，五菜为助，五畜为益，五果为充"的饮食结构。这种良好饮食结构的提出，是自两千多年前的《黄帝内经》始，至今看来还是非常科学的。中国地域广袤，食物原料多样，江南地区的"饭稻羹鱼"、草原民族的"食肉饮酪"，从而形成中华民族丰富、健康的饮食结构。

"医食同源"的养生思想。中华民族自古以来并非代代丰衣足食，历代不乏灾荒饥馑，先民历经了"神农尝百草"以扩大食物来源的艰苦探索过程，千百年来总结出"医食同源"的宝贵思想。在西方现代医学进入中国大地之前的数千年，"医食同源"的养生思想一直护佑着炎黄子孙的健康繁衍生息。

"天人合一"的生态观。农耕文化以及渔猎、畜牧文化，都是人与自然间最和谐的文化，在广袤大地上繁衍生息的中华民族，笃信人与自然是合为一体的，人类的所衣所食，皆来自于大自然的馈赠，因此先民世世代代敬畏自然，爱护生态，尊重生命，重天时，守农时，创造了农家独有的二十四节气及节令食俗，"循天道行人事"。这种宝贵的生态观当引起当代人的反思。

"尚和"的人文情怀。农耕文明本质上是一种善的文明。主张和谐和睦、勤劳耕作、勤和为人，崇尚以和为贵、包容宽仁、质朴淳和的人际关系。中国饮食讲究的"五味调和"也正是这种"尚和"的人文情怀在烹饪技术层面的体现。纵观中国饮食文化的社会功能，更是对"尚和"精神的极致表达。

"尊老"的人伦传统。在传统的农耕文明中，老人是农耕经验的积累者，是向子孙后代传承农耕技术与经验的传递者，因此一直受到家庭和社会的尊重。中华民族尊老的传统是农耕文化的结晶，也是农耕文化得以久远传承的社会行为保障。

《中国饮食文化史》（十卷本）的研究方法科学、缜密。作者以大历史观、大文化观统领全局，较好地利用了历史文献资料、考古发掘研究成果、民俗民族资料，同时也有效地利用了人类学、文化学及模拟试验等多种有效的研究方法与手段。对区域文明肇始、族群结构、民族迁徙、人口繁衍、资源开发、生态制约与变异、水源利用、生态保护、食物原料贮存与食品保鲜防腐等一系列相关问题都予以了充分表述，并提出一系列独到的学术观点。

如该书提出中国在汉代就已掌握了面食的发酵技术，从而把这一科技界的定论向前推进了一千年（科技界传统说法是在宋代）；又如，对黄河流域土地承载力递减而导致社会政治文化中心逐流而下的分析；对草地民族因食料制约而频频南下的原因分析；对生态结构发生变化的深层原因讨论；对《齐民要术》《农政全书》《饮膳正要》《天工开物》等经典文献的识读解析；以及对筷子的出现及历史演变的论述等。该书还清晰而准确地叙述了既往研究者已经关注的许多方面的问题，比如农产品加工技术与食品形态问题、关于农作物及畜类的驯化与分布传播等问题，这些一向是农业史、交流史等学科比较关注而又疑难点较多的领域，该书对此亦有相当的关注与精到的论述。体现出整个作者群体较强的科研能力及科研水平，从而铸就了这部填补学术空白、出版空白的学术著作，可谓是近年来不可多得的精品力作。

本书是填补空白的原创之作，这也正是它的难度之所在。作者的写作并无前人成熟的资料可资借鉴，可以想见，作者须进行大量的文献爬梳整理、甄选淘漉，阅读量浩繁，其写作难度绝非一般。在拼凑摘抄、扒网拼盘已成为当今学界一大痼疾的今天，这部原创之作益发显得可贵。

一套优秀书籍的出版，最少不了的是出版社编辑们默默无闻但又艰辛异常的付出。中国轻工业出版社以文化坚守的高度责任心，苦苦坚守了二十年，为出版这套不能靠市场获得收益、然而又是填补空白的大型学术著作呕心沥血。进入编辑阶段以后，编辑部严苛细致，务求严谨，精心提炼学术观点，一遍遍打磨稿件。对稿件进行字斟句酌的精心加工，并启动了高规格的审稿程序，如，他们聘请国内顶级的古籍专家对书中所有的古籍以善本为据进行了逐字逐句的核对，并延请史学专家、民族宗教专家、民俗专家等进行多轮审稿，全面把关，还对全书内容做了20余项的专项检查，剪除掉书稿中的许多瑕疵。他们不因卷帙浩繁而存丝毫懈怠之念，日以继夜，忘我躬耕，使得全书体现出了高质量、高水准的精品风范。在当前浮躁的社会风气下，能坚守这种职业情操实属不易！

本书还在高端学术著作科普化方面做出了有益的尝试，如对书中的生僻字进行注音，对专有名词进行注释，对古籍文献进行串讲，对正文配发了许多图片等。凡此种种，旨在使学术著作更具通俗性、趣味性和可读性，使一些优秀的学术思想能以通俗化的形式得到展现，从而扩大阅读的人群，传播优秀文化，这种努力值得称道。

这套学术专著是一部具有划时代意义的鸿篇巨制，它的出版，填补了中国饮食文化无大型史著的空白，开启了中国饮食文化研究的新篇章，功在当代，惠及后人。它的出版，是中国学者做的一件与大国地位相称的大事，是中国对世界文明的一种国际担当，彰显了中国文化的软实力。它的出版，是中华民族五千年饮食文化与改革开放三十多年来最新科研成果的一次大梳理、大总结，是树得起、站得住的历史性文化工程，对传播、振兴民族文化，对中国饮食文化学者在国际学术领域重新建立领先地位，将起到重要的推动作用。

作为一名长期从事农业科技文化研究的工作者，对于这部大型学术专著的出版，我感到由衷的欣喜。愿《中国饮食文化史》（十卷本）能够继往开来，为中国饮食文化的发扬光大，为中国饮食文化学这一学科的崛起做出重大贡献。

二〇一三年七月

序言

一部填补空白的大书

——《中国饮食文化史》（十卷本）序

李学勤

中国轻工业出版社通过我在中国社会科学院历史研究所的老同事，送来即将出版的《中国饮食文化史》（十卷本）样稿，厚厚的一大叠。我仔细披阅之下，心中深深感到惊奇。因为在我的记忆范围里，已经有好多年没有见过系统论述中国饮食文化的学术著作了，况且是由全国众多专家学者合力完成的一部十卷本长达数百万字的大书。

正如不久前上映的著名电视片《舌尖上的中国》所体现的，中国的饮食文化是悠久而辉煌的中国传统文化的一个重要组成部分。中国的饮食文化非常发达，在世界上享有崇高的声誉，然而，或许是受长时期流行的一些偏见的影响，学术界对饮食文化的研究却十分稀少，值得提到的是国外出版的一些作品。记得20世纪70年代末，我在美国哈佛大学见到张光直先生，他给了我一本刚出版的《中国文化中的食品》（英文），是他主编的美国学者写的论文集。在日本，则有中山时子教授主编的《中国食文化事典》，其内的"文化篇"曾于1992年中译出版，题目就叫《中国饮食文化》。至于国内学者的专著，我记得的只有上海人民出版社《中国文化史丛书》里面有林乃燊教授的一本，题目也是《中国饮食文化》，也印行于1992年，其书可谓有筚路蓝缕之功，只是比较简略，许多问题未能展开。

由赵荣光教授主编、由中国轻工业出版社出版的这部十卷本《中国饮食文化史》规模宏大，内容充实，在许多方面都具有创新意义，从这一点来说，确实是前所未有的。讲到这部巨著的特色，我个人意见是不是可以举出下列几点：

首先，当然是像书中所标举的，是充分运用了区域研究的方法。我们中国从来是一个多民族、多地区的国家，五千年的文明历史是各地区、各民族共同缔造的。这种多元一体的文化观，自"改革开放"以来，已经在历史学、考古学等领域起了很大的促进作用。《中国饮食文化史》（十卷本）的编写，贯彻"饮食文化是区域文化"的观点，把全国划分为十个文化区域，即黄河中游、黄河下游、长江中游、长江下游、东南、西南、东北、西北、中北和京津，各立一卷。每一卷都可视为区域性的通史，各卷间又互相配合关联，形成立体结构，便于全面展示中国饮食文化的多彩面貌。

其次，是尽可能地发挥了多学科结合的优势。中国饮食文化的研究，本来与历史学、考古学及科技史、美术史、民族史、中外关系史等学科都有相当密切的联系。《中国饮食文化史》（十卷本）一书的编写，努力吸取诸多有关学科的资料和成果，这就扩大了研究的视野，提高了工作的质量。例如在参考文物考古的新发现这一方面，书中就表现得比较突出。

第三，是将各历史时期饮食文化的演变过程与当时社会总的发展联系起来去考察。大家知道，把研究对象放到整个历史的大背景中去分析估量，本来是历史研究的基本要求，对于饮食文化研究自然也不例外。

第四，也许是最值得注意的一点，就是这部书把饮食文化的探索提升到理论思想的高度。《中国饮食文化史》（十卷本）一开始就强调"全书贯穿一条鲜明的人文思想主线"，实际上至少包括了这样一系列观点，都是从远古到现代饮食文化的发展趋向中归结出来的：

一、五谷为主兼及其他的饮食结构；

二、"医食同源"的保健养生思想；

三、尚"和"的人文观念；

四、"天人合一"的生态观；

五、"尊老"的传统。

这样，这部《中国饮食文化史》（十卷本）便不同于技术层面的"中国饮食史"，而是富于思想内涵的"中国饮食文化史"了。

据了解，这部《中国饮食文化史》（十卷本）的出版，经历了不少坎坷曲折，前后过程竟长达二十余年。其间做了多次反复的修改。为了保证质量，中国轻工业出版社邀请过不少领域的专家阅看审查。现在这部大书即将印行，相信会得到有关学术界和社会读者的好评。我对所有参加此书工作的各位专家学者以及中国轻工业出版社同仁能够如此锲而不舍深表敬意，希望在饮食文化研究方面能再取得更新更大的成绩。

二〇一三年九月

于北京清华大学寓所

前言

"饮食文化圈"理论认知中华饮食史的尝试
——中国饮食文化区域性特征

赵荣光

很长时间以来，本人一直希望海内同道联袂在食学文献梳理和"饮食文化区域史""饮食文化专题史"两大专项选题研究方面的协作，冀其为原始农业、畜牧业以来的中华民族食生产、食生活的文明做一初步的瞰窥勾测，从而为更理性、更深化的研究，为中华食学的坚实确立准备必要的基础。为此，本人做了一系列先期努力。1991年北京召开了"首届中国饮食文化国际学术研讨会"，自此，也开始了迄今为止历时二十年之久的该套丛书出版的艰苦历程。其间，本人备尝了时下中国学术坚持的艰难与苦涩，所幸的是，《中国饮食文化史》（十卷本）终于要出版了，作为主编此时真是悲喜莫名。

将人类的食生产、食生活活动置于特定的自然生态与历史文化系统中审视认知并予以概括表述，是30多年前本人投诸饮食史、饮食文化领域研习思考伊始所依循的基本方法。这让我逐渐明确了"饮食文化圈"的理论思维。中国学人对民众食事文化的关注渊源可谓久远。在漫长的民族饮食生活史上，这种关注长期依附于本草学、农学而存在，因而形成了中华饮食文化的传统特色与历史特征。初刊于1792年的《随园食单》可以视为这种依附传统文化转折的历史性标志。著者中国古代食圣袁枚"平生品味似评诗"，潜心戮力半世纪，以开创、标立食学深自期许，然限于历史时代局限，终未遂其所愿——抱定"皓首穷经""经国济世"之理念建立食学，使其成为传统士子麇集的学林。

食学是研究不同时期、各种文化背景下的人群食事事象、行为、性质及其规律的一门综合性学问。中国大陆食学研究热潮的兴起，文化运气系接海外学界之后，20世纪中叶以来，日、韩、美、欧以及港、台地区学者批量成果的发表，蔚成了中华食文化研究热之初潮。社会饮食文化的一个最易为人感知之处，就是都会餐饮业，而其衰旺与否的最终决定因素则是大众的消费能力与方式。正是餐饮业的持续繁荣和大众饮食生活水准的整体提高，给了中国大陆食学研究以不懈的助动力。在中国饮食文化热持续至今的30多年中，经历了"热学""显学"两个阶段，而今则处于"食学"渐趋成熟阶段。以国人为主体的诸多富有创见性的文著累积，是其渐趋成熟的重要标志。

人类文化是生态环境的产物，自然环境则是人类生存发展依凭的文化史剧的舞台。文化区域性是一个历史范畴，一种文化传统在一定地域内沉淀、累积和承续，便会出现不同的发展形态和高低不同的发展水平，因地而宜，异地不同。饮食文化的存在与发展，主要取决于自然生态环境与文化生态环境两大系统的因素。就物质层面说，如俗语所说："一方水土养一方人"，其结果自然是"一方水土一方人"，饮食与饮食文化对自然因素的依赖是不言而喻的。早在距今10000—6000年，中国便形成了以粟、菽、麦等"五谷"为主要食物原料的黄河流域饮食文化区、以稻为主要食物原料的长江流域饮食文化区、以肉酪为主要食物原料的中北草原地带的畜牧与狩猎饮食文化区这不同风格的三大饮食文化区域类型。其后公元前2世纪，司马迁曾按西汉帝国版图内的物产与人民生活习性作了地域性的表述。山西、山东、江南（彭城以东，与越、楚两部）、龙门碣石北、关中、巴蜀等地区因自然生态地理的差异而决定了时人公认的食生产、食生活、食文化的区位性差异，与史前形成的中国饮食文化的区位格局相较，已经有了很大的发展变化。而后再历20多个世纪至19世纪末，在今天的中国版图内，存在着东北、中北、京津、黄河下游、黄河中游、西北、长江下游、长江中游、西南、青藏高原、东南11个结构性子属饮食文化区。再以后至今的一个多世纪，尽管食文化基本区位格局依在，但区位饮食文化的诸多结构因素却处于大变化之中，变化的速度、广度和深度，都是既往历史上不可同日而语的。生产力的结构性变化和空前发展；食生产工具与方式的进步；信息传递与交通的便利；经济与商业的发展；人口大规模的持续性流动与城市化进程的快速发展；思想与观念的更新进化等，这一切都大大超越了食文化物质交换补益的层面，而具有更深刻、更重大的意义。

各饮食文化区位文化形态的发生、发展都是一个动态的历史过程，"不变中有变、变中有不变"是饮食文化演变规律的基本特征。而在封闭的自然经济状态下，"靠山吃山靠水吃水"的饮食文化存在方式，是明显"滞进"和具有"惰性"的。所谓"滞进"和"惰性"是指：在决定传统餐桌的一切要素几乎都是在年复一年简单重复的历史情态下，饮食文化的演进速度是十分缓慢的，人们的食生活是因循保守的，"周而复始"一词正是对这种形态的概括。人类的饮食生活对于生息地产原料并因之决定的加工、进食的地域环境有着很强的依赖性，我们称之为"自然生态与文化生态环境约定性"。生态环境一般呈现为相当长历史时间内的相对稳定性，食生产方式的改变，一般也要经过很长的历史时间才能完成。而在"鸡犬之声相闻，民至老死不相往来"的相当封闭隔绝的中世纪，各封闭区域内的人们是高度安适于既有的一切的。一般来说，一个民族或某一聚合人群的饮食文化，都有着较为稳固的空间属性或区位地域的植根性、依附性，因此各区位地域之间便存在着各自空间环境下和不同时间序列上的差异性与相对独立性。而从饮食生活的动态与饮食文化流动的属性观察，则可以说世界上绝大多数民族（或聚合人群）的饮食文化都是处于内部或外部多元、多渠道、多层面的、持续不断的传播、渗透、吸收、整合、流变之中。中华民族共同体今天的饮食文化形态，就是这样形成的。

随着各民族人口不停地移动或迁徙，一些民族在生存空间上的交叉存在、相互影响（这种状态和影响自古至今一般呈不断加速的趋势），饮食文化的一些早期民族特征逐渐地表现为区位地域的共同特征。迄今为止，由于自然生态和经济地理等诸多因素的决定作用，中国人主副食主要原料的分布，基本上还是在漫长历史过程中逐渐形成的基本格局。宋应星在谈到中国历史上的"北麦南稻"之说时还认为："四海之内，燕、秦、晋、豫、齐、鲁诸蒸民粒食，小麦居半，而黍、稷、稻、粱仅居半。西极川、云，东至闽、浙、吴楚腹焉……种小麦者二十分而一……种余麦者五十分而一，间阎作苦以充朝膳，而贵介不与焉。"这至少反映了宋明时期麦属作物分布的大势。直到今天，东北、华北、西北地区仍是小麦的主要产区，青藏高原是大麦（青稞）及小麦的产区，黑麦、燕麦、荞麦、莜麦等杂麦也主要分布于这些地区。这些地区除麦属作物之外，主食原料还有粟、秫、玉米、稷等"杂粮"。而长江流域及以南的平原、盆地和坝区广大地区，则自古至今都是以稻作物为主，其山区则主要种植玉米、粟、荞麦、红薯、小麦、大麦、旱稻等。应当看到，粮食作物今天的品种分布状态，本身就是不断演变的历史性结果，而这种演变无论表现出怎样的相对稳定性,它都不可能是最终格局,还将持续地演变下去。

历史上各民族间饮食文化的交流,除了零星渐进、潜移默化的和平方式之外,在灾变、动乱、战争等特殊情况下,出现短期内大批移民的方式也具有特别的意义。其间,由物种传播而引起的食生产格局与食生活方式的改变,尤具重要意义。物种传播有时并不依循近邻滋蔓的一般原则,伴随人们远距离跋涉的活动,这种传播往往以跨越地理间隔的童话般方式实现。原产美洲的许多物种集中在明代中叶联袂登陆中国就是典型的例证。玉米、红薯自明代中叶以后相继引入中国,因其高产且对土壤适应性强,于是长江以南广大山区,鲁、晋、豫、陕等大片久耕密植的贫瘠之地便很快迭相效应,迅速推广开来。山区的瘠地需要玉米、红薯这样的耐瘠抗旱作物,传统农业的平原地区因其地力贫乏和人口稠密,更需要这种耐瘠抗旱而又高产的作物,这就是各民族民众率相接受玉米、红薯的根本原因。这一"根本原因"甚至一直深深影响到20世纪80年代以前。中国大陆长期以来一直以提高粮食亩产、单产为压倒一切的农业生产政策,南方水稻、北方玉米,几乎成了各级政府限定的大田品种种植的基本模式。

严格说来,很少有哪些饮食文化区域是完全不受任何外来因素影响的纯粹本土的单质文化。也就是说,每一个饮食文化区域都是或多或少、或显或隐地包融有异质文化的历史存在。中华民族饮食文化圈内部,自古以来都是域内各子属文化区位之间互相通融补益的。而中华民族饮食文化圈的历史和当今形态,也是不断吸纳外域饮食文化更新进步的结果。1982年笔者在新疆历时半个多月的一次深度考察活动结束之后,曾有一首诗:"海内神厨济如云,东西甘脆皆与闻。野驼浑烹标青史,肥羊串炙喜今人。乳酒清冽爽筋骨,奶茶浓郁尤益神。朴劳纳仁称异馔,金特克缺愧寡闻。胡饼西肺欣再睹,葡萄密瓜连筵陈。四千文明源泉水,云里白毛无销痕。晨钟传于二三鼙,青眼另看大宛人。"诗中所叙的是维吾尔、哈萨克、柯尔克孜、乌孜别克、塔吉克、塔塔尔等少数民族的部分风味食品,反映了西北地区多民族的独特饮食风情。中国有十个少数民族信仰伊斯兰教,他们主要或部分居住在西北地区。因此,伊斯兰食俗是西北地区最具代表性的饮食文化特征。而西北地区,众所周知,自汉代以来直至公元7世纪一直是佛教文化的世界。正是来自阿拉伯地区的影响,使佛教文化在这里几乎消失殆尽了。当然,西北地区还有汉、蒙古、锡伯、达斡尔、满、俄罗斯等民族成分。西北多民族共聚的事实,就是历史文化大融汇的结果,这一点,同样是西北地区饮食文化独特性的又一鲜明之处。作为通往中亚的必由之路,举世闻名的丝绸之路的几条路线都经过这里。东西交汇，丝绸之路饮食文化是该地区的又一独特之处。中华饮食文化通过丝绸之路吸纳域外文化因素，确切的文字记载始自汉代。张骞（？—前114年）于汉武帝建元三年（公元前138年）、元狩四年（公元前119年）的两次出使西域，使内地与今天的新疆及中亚的文化、经济交流进入到了一个全新的历史阶段。葡萄、苜蓿、胡麻、胡瓜、蚕豆、核桃、石榴、胡萝卜、葱、蒜等菜蔬瓜果随之来到了中国，同时进入的还有植瓜、种树、屠宰、截马等技术。其后，西汉军队为能在西域伊吾长久驻扎，便将中原的挖井技术，尤其是河西走廊等地的坎儿井技术引进了西域，促进了灌溉农业的发展。

至少自有确切的文字记载以来，中华版图内外的食事交流就一直没有间断过，并且呈与时俱进、逐渐频繁深入的趋势。汉代时就已经成为黄河流域中原地区的一些主食品种，例如馄饨、包子（笼上牢丸）、饺子（汤中牢丸）、面条（汤饼）、馒首（有馅与无馅）、饼等，到了唐代时已经成了地无南北东西之分，民族成分无分的、随处可见的、到处皆食的大众食品了。今天，在中国大陆的任何一个中等以上的城市，几乎都能见到以各地区风味或少数民族风情为特色的餐馆。而随着人们消费能力的提高和消费观念的改变，到异地旅行，感受包括食物与饮食风情在内的异地文化已逐渐成了一种新潮，这正是各地域间食文化交流的新时代特征。这其中，科技的力量和由科技决定的经济力量，比单纯的文化力量要大得多。事实上，科技往往是文化流变的支配因素。比如，以筷子为食具的箸文化，其起源已有不下六千年的历史，汉以后逐渐成为汉民族食文化的主要标志之一；明清时期已普及到绝大多数少数民族地区。而现代化的科技烹调手段则能以很快的速度为各族人民所接受。如电饭煲、微波炉、电烤箱、电冰箱、电热炊具或气体燃料新式炊具、排烟具等几乎在一切可能的地方都能见到。真空包装食品、方便食品等现代化食品、食料更是无所不至。

黑格尔说过一句至理名言："方法是决定一切的"。笔者以为，饮食文化区位性认识的具体方法尽管可能很多，尽管研究方法会因人而异，但方法论的原则却不能不有所规范和遵循。

首先，应当是历史事实的真实再现，即通过文献研究、田野与民俗考察、数学与统计学、模拟重复等方法，去尽可能摹绘出曾经存在过的饮食历史文化构件、结构、形态、运动。区位性研究，本身就是要在某一具体历史空间的平台上，重现其曾经存在过的构建，如同考古学在遗址上的工作一样，它是具体的，有限定的。这就要求我们对于资料的筛选必须把握客观、真实、典型的原则，绝不允许研究者的个人好恶影响原始资料的取舍剪裁，客观、公正是绝对的原则。

其次，是把饮食文化区位中的具体文化事象视为该文化系统中的有机构成来认识，而不是将其孤立于整体系统之外释读。割裂、孤立、片面和绝对地认识某一历史文化，只能远离事物的本来面目，结论也是不足取的。文化承载者是有思想的、有感情的活生生的社会群体，我们能够凭借的任何饮食文化遗存，都曾经是生存着的社会群体的食生产、食生活活动事象的反映，因此要把资料置于相关的结构关系中去解读，而非孤立地认断。在历史领域里，有时相近甚至相同的文字符号，却往往反映不同的文化意义，即不同时代、不同条件下的不同信息也可能由同一文字符号来表述；同样的道理，表面不同的文字符号也可能反映同一或相近的文化内涵。也就是说，我们在使用不同历史时期各类著述者留下来的文献时，不能只简单地停留在文字符号的表面，而应当准确透析识读，既要尽可能地多参考前人和他人的研究成果，还要考虑到流传文集记载的版本等因素。

再次，饮食文化的民族性问题。如果说饮食文化的区域性主要取决于区域的自然生态环境因素的话，那么民族性则多是由文化生态环境因素决定的。而文化生态环境中的最主要因素，应当是生产力。一定的生产力水平与科技程度，是文化生态环境时代特征中具有决定意义的因素。《诗经》时代黄河流域的渍菹，本来是出于保藏的目的，而后成为特别加工的风味食品。今日东北地区的酸菜、四川的泡菜，甚至朝鲜半岛的柯伊姆奇（泡菜）应当都是其余韵。今日西南许多少数民族的粑粑、饵块以及东北朝鲜族的打糕等蒸舂的稻谷粉食，是古时杵臼搞制粢饵的流风。蒙古族等草原文化带上的一些少数民族的手扒肉，无疑是草原放牧生产与生活条件下最简捷便易的方法，而今竟成草原情调的民族独特食品。同样，西南、华中、东南地区许多少数民族习尚的熏腊食品、酸酵食品等，也主要是由于贮存、保藏的需要而形成的风味食品。这也与东北地区人们冬天用雪埋、冰覆，或泼水挂腊（在肉等食料外泼水结成一层冰衣保护）的道理一样。以至北方冬天吃的冻豆腐，也竟成为一种风味独特的食料。因为历史上人们没有更好的保藏食品的方法。因此可以说，饮食文化的民族性，既是地域自然生态环境因素决定的，也是文化生态因素决定的，因此也是一定生产力水平所决定的。

又次，端正研究心态，在当前中华饮食文化中具有特别重要的意义。冷静公正、实事求是，是任何学科学术研究的绝对原则。学术与科学研究不同于男女谈恋爱和市场交易，它否定研究者个人好恶的感情倾向和局部利益原则，要热情更要冷静和理智；反对偏私，坚持公正；"实事求是"是唯一可行的方法论原则。

多年前北京钓鱼台国宾馆的一次全国性饮食文化会议上，笔者曾强调食学研究应当基于"十三亿人口，五千年文明"的"大众餐桌"基本理念与原则。我们将《中国饮食文化史》（十卷本）的付梓理解为"饮食文化圈"理论的认知与尝试，不是初步总结，也不是什么了不起的成就。

尽管饮食文化研究的"圈论"早已经为海内外食学界熟知并逐渐认同，十年前《中国国家地理杂志》以我提出的"舌尖上的秧歌"为封面标题出了"圈论"专号，次年CCTV-10频道同样以我建议的"味蕾的故乡"为题拍摄了十集区域饮食文化节目，不久前一位欧洲的博士学位论文还在引用和研究。这一切也还都是尝试。

《中国饮食文化史》（十卷本）工程迄今，出版过程历经周折，与事同道几易其人，作古者凡几，思之唏嘘。期间出于出版费用的考虑，作为主编决定撤下丛书核心卷的本人《中国饮食文化》一册，尽管这是当时本人所在的杭州商学院与旅游学院出资支持出版的前提。虽然，现在"杭州商学院"与"旅游学院"这两个名称都已经不复存在了，但《中国饮食文化史》（十卷本）毕竟得以付梓。是为记。

夏历癸巳年初春，公元二〇一三年三月

杭州西湖诚公斋书寓

目录

第七章 | 明代东北各民族由渔猎向农耕转型　　/127

第八章 | 清代清兵入关后的饮食文化交融　　/141

第十一章 | 改革开放带来东北饮食文化的大发展　　　/209

第一章 概 述

中国的东北地区，处于北纬42°至53°34′之间，是中国纬度最高的区域，也是中国最冷的自然区。日光斜射决定这里的气温普遍偏低，且日照时间短、冬季漫长，其中12月到次年的3月初则是东北的"隆冬"时节。每年有3～4次影响全国大部分地区的、来自贝加尔湖和外蒙的寒流，降温与寒潮使长江以南地区随之出现雨雪天气，而这时位于约北纬40°线以北的地区，尤其是东北地区则成为冰原雪域，这是东北地区自然生态的基本特征。由于处在强大的蒙古高压笼罩之下，东北地区的寒冷甚于我国版图中的其他任何地区。这里每年一月等温线大致与纬线平行，南北梯度很大，自南部的10℃到北部的−30℃，平均纬度每升高1°，温度就降低1.5℃。大兴安岭北部山地是全国著名的"寒极"，黑龙江畔的漠河曾有过极端最低温度零下52.3℃的历史纪录。

　　东北地区冬季气候寒冷，夏季温度不高，区域内气候主要属于温带季风气候类型。植物生长需要水分的季节与多雨季节相应，雨水的有效性很大，一般说来足够一年一季作物对水分的需要。东北地区的黑龙江、乌苏里江、松花江、嫩江、辽河等众多河流经年流淌、滔滔不绝，它们既是东北各民族长期生息繁衍的摇篮，又给人们带来了丰富的食原料，是大自然赐予人类的无穷宝藏。既保证了繁茂的植被和广袤的森林可以正常生长，又为陆地动植物的生长和种类繁衍创造了极好的条件。因此，这里成为中国历史上最为优越的森林广被、草原广袤的地区，同时也是最理想的狩猎、畜牧、渔捞、种植业的天然综合经济区。

"饮食文化是属于物质和精神形态复杂集合和结构的文化，并且其基础和核心是物质与生理，是'看得见摸得着'的实实在在，它并不像语言、思维、精神、哲学那样抽象，因此，饮食文化的定型应当说并不十分困难。我们根据考古学、历史文献学、民俗学、民族学、地理学等资料的调查研究与分析比较，得以取得饮食文化自身比较固定的独特类别状态。当我们的考察从物质生产的层面与单纯生理需要摄食的活动提升到传统、习惯、风尚、思想等范畴时，我们就更多地进入了人们食生活与文化积淀的历史空间，饮食文化的定型就同时要求兼顾自然条件、历史背景、社会经济状况等多方面因素，也就是说，饮食文化的区位确定是根本无法回避的。"[1][※] 东北地区作为中华民族饮食文化圈中具有悠久历史且风格独特的子文化区域，在中华民族饮食文化圈中占有非常重要的地位。

第一节　东北地区饮食文化概述

一、区域范围与历史沿革

东北饮食文化区域包括现今的黑龙江、吉林、辽宁三省，以及内蒙古自治

---

[1] 赵荣光：《中国饮食文化研究》，（香港）东方美食出版社，2003年。

[※] 编者注：为方便读者阅读，本书将连续占有三行及以上的引文改变了字体。对于在同一个自然段（或同一个内容小板块）里的引文，虽不足三行但断续密集引用的也改变了字体。

区兴安盟，赤峰、通辽、呼伦贝尔三市和河北北部地区在内的广大区域，形成了饮食地理学概念下的"东北饮食文化圈"。东北地区的历史源远流长，可追溯到几千年前的上古时代。那时候，东北地区已出现许多世居民族，在茫茫雪海、崇山峻岭中纵马驰骋、叱咤风云，在促进中华民族的南北文化交流，沟通世界东西方文化等方面，均有令世人瞩目的历史功绩。东北地区的"满洲文化""关东文化""白山文化""黑水文化""辽海文化"等，共同构成了"东北区域文明"。

悠久的历史和文明造就了东北灿烂的饮食文化。东北地区的少数民族在中国历史上表现得相当活跃，相继建立了五大北方王朝政权和众多的属国政权。政权历史沿革的主线：鲜卑族建立的北魏王朝（公元386—534年）、契丹族建立的辽王朝（公元907—1125年）、女真人建立的金王朝（公元1115—1234年）、蒙古族建立的元王朝（公元1271—1368年）、满族建立的清王朝（公元1616—1911年）。此外，还有扶余王国、勿吉王国、高句丽王国、渤海王国以及十六国时期活跃在辽西、辽东的三燕政权等。可以说，封建社会时期的中国历代王朝，几乎都有东北少数民族的身影。一次又一次入主中原，一方面显示了雄厚的军事实力，更重要的是进一步促进了华夏民族的大融合，在中华文明史上创造了一个又一个鼎盛而辉煌的时期。

二、主要食物原料构成

1. 丰富的自然资源

东北地区大面积的森林，在经受了漫长历史时期的巨大生态改变之后的今天，仍有1700万公顷的广大天然林区，占全国森林总资源的60%。东北地区蕴藏了品种和数量众多的飞禽、野兽以及鱼类资源，据不完全统计，东北地区14—19世纪见诸文录的，确曾被人们用作过食料的食物资源的大致情况是：禽类70余种，畜兽类50余种，鱼类100余种，植物果实类60余种，菜蔬类100余种，谷物类40余种。[①]东北地区拥有的物产之丰富和食物原料品种之众多，是历史上其他饮食文化区难以比肩的。

例如，粮食品种有沙谷、芝麻谷、稷、蜀黍（高粱）、黏蜀黍、稻、秫、小麦、荞麦、稗、玉蜀黍、苏子、大豆、小豆、绿豆、芸豆等20多个品种。蔬菜有豌豆、蚕豆、豇豆、扁豆、菜豆、刀豆、葵、韭、葱、蒜、菘、芥、芹、菠稜菜、萝卜、苤蓝、黄瓜、茄、倭瓜、蕨、薇、黄花、红花等。菌类有木耳、猴头菇、口蘑、黄蘑、元蘑、花菇、松蘑等。其中可常入馔的鲜美野蔬和菌类就有数十种之多，加上栽培品种，总数当不在百种之下。

肉类有猪、牛、羊、鸡、鸭、鹅等，加上可狩猎的禽兽，总数大大超过百种，其中熊、犴（hān，驼鹿）、鹿、飞龙、沙半鸡、雉、蛤什蟆等为珍贵食材。而且蛤什蟆油为清代贵家名馆大宴及清代所谓"满汉全席"的必备珍品，京师有"一碗之费，白金半流"[②]之誉，见于文录的即在百种以上。其中最著名的敖花（鳜）、鲫花（长于普通鲫）、鳊花（鲂，形略近武昌鱼）、哲禄（鲊鱼）、发禄、雅禄、铜禄、胡禄（又名白兔），号称"三花五罗"，实为食中美味。而鳟鲤鱼（秦王鱼、鲟鱼、长鼻鱼）为巨鱼，重可逾千斤，肉味鲜美，头骨尤贵，向为皇华大筵必备之肴，"鳡鳇头骨，关内重之，以为美于燕窝"[③]，此外还有作为黑龙江名特产的达发哈鱼（大马哈）。

① 赵荣光：《从"茹毛饮血"到"燔黍捭豚"——中国饮食文化史的开端》，《中国饮食史论》，黑龙江科学技术出版社，1990年。
② 西清：《黑龙江外纪》卷八，清光绪广雅书局刻本。
③ 西清：《黑龙江外纪》卷八，清光绪广雅书局刻本。

油料调料类，除猪、羊、牛等畜类油及野兽脂肪和鱼油外，大豆、芝麻、蓖麻、火麻均可榨油。调料则有葱、蒜、韭、薤、芥、芫荽、蓼、秦椒、椒以及盐酱、酱清、醋，等等。

干鲜果类有栗、桑葚、榛子、松子、杏、李、玉樱、花红、山楂、梨、葡萄、菱、核桃、山栌、香瓜、西瓜、杜实（都市）等数十种。

以上这些食物原料品种齐全，数量丰富，风味不一，特色各异。在原始的生态环境没有被破坏之前，人们的选择空间和适应能力都是比较大的，因此，完全可以在较长的时间里保证世居民族食品结构的合理性和科学性。

东北地区的食物结构长时间保持着以肉食为主、粮蔬为辅的基本构建。肉食为主，应当说是东北民众在数千年甚至更长历史时期中饮食生活的基本特点之一。这一特点最少是维持到了19世纪末叶。他们的肉食主要来自放牧的羊、牛、马、骆驼等大畜牲和射猎的禽兽、捕捞的鱼类，当然也包括饲养的猪、鹅、鸭、鸡等，以畜牧、射猎、渔捞三大项为主要生产活动。射猎民族以兽禽肉为主，捕捞民族以鱼肉为主，他们是史书上记载的"打牲部""使鹿部""使犬部""鱼皮部"等。

2. 文献及遗址中的食物

文献上关于东北地区谷物种植业的记载，有助于我们管窥历朝历代东北地区的谷物利用情况。自《后汉书·东夷列传》曰"夫馀国""于东夷之域，最为平敞，土宜五谷"的文字记载之后，历代官修史书及私家史书关于这里的农业史录不胜枚举。但是，比文字记录更早、更丰富的记录是大量出土的史前文化遗存。在目前已经发掘和发现的史前文化遗址中，确认了辽宁沈阳市新乐遗址是距今已7200多年的新石器时代的早期氏族公社部落遗址，它那约有100平方米的谷物加工厂（场地中央有火塘，精致如工艺品的多具石搓盘规则地散布在场地四边），再现了当时原始农业的发达景象。比较而言，新乐遗址所代表的东北地区史前农耕文化完全不落后于内地各文化区域。值得注意的是，中原地区所有的谷物品种在东北地区几乎都有，是名副其实的"五谷杂粮"齐全。因而使得人们的营养结构更加合理。东北地区历史上的主食肉类，绝大多数属于低脂肪高蛋白的肉类，如羊、牛、马等食草畜类、野禽兽以及鱼类之肉等。东北菽类作物比重大、种类多及豆制品多，此为东北文化区内又一不能忽略的饮食文化特征。菽类主要指的是豆类，是中华传统饮食分类——"五谷"中的重要组成部分。菽类之王大豆，是北方人的发明，也是北方人民的传统食物原料，[1]更是东北地区特有的优质资源。众所周知，大豆是植物蛋白之王，它所含有的丰富蛋白质属于全价蛋白，含有人体不能合成的8种必需的氨基酸。有了丰富的优质动物蛋白，又有大量的"植物肉"——大豆，可以说没有比这更合理、更理想的食物结构了。

3. 东北先民的食物贮藏

丰富的蔬菜品种和寒冷的气候，形成了东北地区先民菜蔬利用的四个特殊方式，彰显出鲜明的地域特色。其一是晒制各种干菜。秋季是生产蔬菜的旺季，由于此时天气非常干燥，特别适宜把新鲜蔬菜晾成干菜，所以人们在此时常常要将大量的蔬菜如豆角、茄子、土豆等切成片状、丝状晒干，以备冬季长期食用，丰富了东北地区的菜肴品种，改善了饮食结构。这种晒制方法不仅适合于蔬菜，也适合于某些肉类，例如以捕鱼为生的赫哲族人常常把吃不了的鲜鱼，通过日晒或火烤等方式贮存起来，以便在产鱼淡季时食用。其二是窖藏各种蔬菜。在屋里或户外挖菜窖可以说是东北人的一个创

① 赵荣光：《中国传统膳食结构中的大豆与中国菽文化》，《饮食文化研究》，2002年第2期。

造，由于菜窖里的温度和湿度都比较高，冬季可以长期贮藏白菜、马铃薯、萝卜等。其三是腌渍各种蛋类、肉类和菜等。每到冬季，东北地区的人们都要用盐腌渍一些蛋类、肉类和菜类，特别是腌酸菜。东北先民独创的腌制酸菜的做法，在金毓黻主编的《奉天通志》中有记载："东边各县、地………及至秋末，车载秋菘（白菜），渍之瓮中，名曰酸菜。"《双城县志》也有记载："家家更腌藏各种蔬菜………菘则渍会酸，谓之酸菜，均系冬时之副食品。"其四是冷藏、冷冻各类果蔬肉类等食品是东北地区人民的典型食品之一。从自然条件上说，历史上的东北毫无疑问是一个"雪之国"。严冬是大自然赐予东北人得天独厚的大冷库，它可以无限量、无代价地储存各种食品和原料，且能灭菌防腐保鲜，而又独具风味。蔬菜可以埋在雪下保鲜保色，肉食品也同样曾为东北先民的冷藏品。肉制品在雪下或淋水挂上冰衣可长久保鲜。冻鱼的味道更美，也更便于加工烹制。冷冻的肉可以很便利地切成极薄的片和极细的丝。

第二节　东北地区饮食文化的基本特征

一、地广人稀，食物资源充足

地广人稀是东北地区的一个非常重要的特征。对于饮食文化来说，当人口对自然的压力微弱得似有似无，当生态环境近乎初始状态，稀薄人口的消耗只是自然产物的极少部分，则这种饮食文化带有明显的初始性。东北地区的人口稀少，生存空间相对广大，这决定了单纯"靠天吃饭"的经济生活模式在东北地区占有长时间的统治地位，人与自然生态长久地维持着基本平衡状态。17世纪中叶，满族贵族取代朱明王朝，建立了清王朝。在经历了清初一段时间的动荡之后，中国人口开始进入稳定和相对高速发展时期，到乾隆六年（公元1741年），全国在籍人口总数已超过14000万人；道光十四年（公元1834年），中国人口突破4亿，达到40100万人[①]。作为一个商品经济并不发达的农耕大国，人口的大幅增加，加剧了与有限自然资源之间的矛盾。但是，东北地区自有史以来一直是地广人稀，又受到清政府封禁政策的保护，因此并未受到人口整体增加的影响，丰富的食物资源和人口相对稀少没有造成生态系统的严重破坏，资源和人口之间，形成了相对合理的协调关系。在漫长的历史时期，世世代代东北人都是以畜牧、狩猎、渔捞、种植为业，并不艰于生计，这种状态一直维持到20世纪初。

由于清代中晚期以后直至20世纪60年代持续不断的移民潮，同时，由于自然增长等原因，东北地区各民族的人口也都有大幅度的上升，这样才结束了长期以来地广人稀的状况。

二、民族性特征及民族饮食文化的辐射性

东北地区是历史上多民族聚居的重要文化分区之一，民族众多，饮食文化富有鲜明的民族特征。古代史籍明确记载着在东北地区生息过的民族，先后有：先秦的肃慎、濊貊（wèimò）、东胡三大族系；汉晋时的夫余、鲜卑、挹（yì）娄、北沃且；北朝隋时的夫余、勿吉、室韦、乌洛侯、地豆于、豆

---

① 秦大河等主编：《中国人口资源环境与可持续发展》，新华出版社，2002年。

莫娄等；唐北宋时的鞲鞡（gōuqiào）室韦、契丹、女真、蒙古、汉族等；南宋元明时的女真及蒙古诸部、汉族、索伦诸部（鄂温克、鄂伦春、达斡尔等）；清及民国的汉、满、蒙古、鄂伦春、鄂温克、赫哲、费雅喀、库页、奇勒尔、恰喀拉、锡伯、朝鲜、回族以及清末以来一度数量不多、国籍不少的外域移民等。东北地区的生态环境和食物获取方式培育了东北人强悍的体魄和强烈的进取精神，这是东北地区民族特征的典型表现。东北先民翻越崇山峻岭，穿行原始森林，驰骋无垠荒原弯弓射猎；他们泛舟江河，搏击海浪，捕捞江海鱼类；他们放牧着数以千万计的羊、牛、马、骆驼等畜群，"随草畜牧而转移"①。这种生产方式造就了东北先民的异常勇猛。另一方面，寒冷和强体力劳动需要摄取大量肉食以获得高脂肪和高能量，"**肉类食物几乎是现成地包含着为身体新陈代谢所必需的最重要的材料；它缩短了消化过程以及身体内其他植物性的即与植物性生活相适应的过程的时间，因此赢得了更多的时间、更多的材料和更多的精力来过真正动物的生活。**"②雪国地区特异的生态环境，不仅造就了东北世居民族的非凡体力、个性心理和群体文化特征，也创造了独特的区域文化类型。从一定意义上说，一部中华民族的发展史和文明史就是草地文化、渔猎文化与农耕文化的交融史。

东北诸多的少数民族孕育了丰富多彩的饮食文化，并产生了强大的辐射力。东北地区的先民鲜卑、女真、蒙古、满族等，先后入主中原或统一全国，其特有的文化对中华民族的历史、政治、思想、经济、文化乃至整个中华民族的历史都产生了重大的、甚至决定性的影响。这些崛起于东北大地的民族，一次次地用自己特色鲜明的饮食文化影响、改变并且融合于中华民族的主流

---

① 班固：《汉书》卷九四《匈奴传上》，中华书局，1962年。
② 恩格斯：《自然辩证法》，中央编译局编：《马克思恩格斯全集》第20卷，人民出版社，1971年。

文化。由于统治者的北方游牧民族的身份而产生了强大的文化辐射力，遂使社会上自上而下地逐渐形成了一股强劲的"北食"之风。例如清代满族贵族的饮食偏好与饮食习惯成为了官方正统与主流，并深刻影响到了平常百姓家。从物质层面来讲，东北地区丰富的食物原料源源不断地向其他地区输出，从而影响了其他地区人们的食物结构、食品风格和传统习俗。历史上，东北地区的大豆、麦、稗、松子，以及无数珍奇特产和农副产品源源不断输入京师内府，成为天子、后妃及整个宫廷的日常饮食；也成为了"天下第一家"衍圣公府大宴的大菜原料。东北三省的志书、文人笔记等历史文献留下了大量有关"贡赋""风物特产"类的资料，其中的年贡、春贡、夏贡、鲜贡等诸多名目中，关于食物原料的内容有野猪、鸭、鸡、树鸡、细鳞鱼、鳇鱼、麦面以及人参等。[①]内务府在东北地区的采办及地方司牧"驰驿进呈"的品种和数量更远不止于此，从皇帝四季食用的稗米、关东鸡、豆腐、冻豆腐、粉丝、酸菜、干菜以及许多"野意"原料来看，都带有浓郁的东北饮食文化特色，许多后妃常食的肴馔品名、食品用料以及烹饪技法等也都具有明显的东北风格。[②]清代人们认为"无上珍品"绝大多数都是东北地区的特产，如狲鼻、鱼骨、鳇鱼籽、猴头菇、熊掌、哈什蟆、鹿尾（筋、脯、鞭等）、豹胎以及其他珍奇食材不胜枚举。

三、开放包容，兼收并蓄

开放性是东北地区饮食文化的又一特征。美国学者托马斯·哈定等人认

---

① 徐宗亮等编：《黑龙江述略》卷四《贡赋》，黑龙江人民出版社，1985年。
② 参见《清宫档案·御茶膳房》《清宫档案·宫中杂件》"膳单"部分。

为："在特定的历史——环境条件下，一种文化就是一种与自然界和其他文化发生相互联系的开放系统。"[1]由于地域的偏远，生产发展相对落后，东北文化区的一些生产和生活用品无法完全依靠自身来解决，诸如炊煮器具、粮食、酒、茶、调料、药品都要依赖内地农耕文化区的输入与补给。与此同时，本地区生产的畜类、鱼肉等食材也源源不断地输往内地。最迟在两汉时期"翟之食""羌煮""貊炙""酪浆"等北方游牧民族的特色食品和制作技术，便已在黄河流域的中原地区流布开来，丰富了中华民族的饮食生活和饮食文化。这种区域文化的开放性特征，贯穿于东北地区全部历史发展的过程中。

早在冰川时代，东亚大陆曾出现过四次"陆桥"，把日本同东亚大陆连接在一起。史前人类就通过这种"陆桥"开始了神话般的、伟大的"吃的转移"。四次陆桥的大致时期是：30万—8万年前的古桥时期；8万—4万年前的中桥时期；3万—2万年前的新桥一期；1.4万—1万年前的新桥二期。[2]在陆桥时期，东北地区成为华北古人类迁徙到东北亚的重要通路之一。采集和狩猎，这两种人类最初获取食物资源的活动开始向资源丰富的地区移动，这种为了食物的迁徙，就成了早期人类的"饮食文化传布"。

考古研究的成果表明，东北地区的人类是由华北地区迁居来的。东北地区远古文化对于中国的内陆远古文化来说，是一种移入，东北区域文明正是借用这种移入，才得以在新的生态环境下实施再造的。当然，这个再造过程是非常缓慢的。可以说，在整个文明时代，东北地区始终都是开放的文化区。不论中原政局如何变化，东北地区都同内地始终保持着经济、文化、政治上的紧密联系，并一直受到中原文化的影响。与此同时，她又对中原及周边地

---

① 托马斯·哈定等著，韩建军等译：《文化与进化》，浙江人民出版社，1987年。
② 王金林：《简明日本古代史》，天津人民出版社，1984年。

区产生影响。这种交流的重要表现之一就是区外人口的不断流入。以黑龙江省为例，清初的情况是："省境满、蒙杂处。昔为索伦、呼尔、鄂伦春等族游猎地，清初编旗制，分满洲、蒙古、汉军八旗，皆称旗人。有站丁，为云南戍籍，商贾多山西人，农产多直鲁人，又有回回，是皆汉人。全省以汉人为多，满、蒙次之，索伦诸族今已少矣。"[①]到了清代中叶，黑龙江省的居民已是"内地十三省（人口）无省无之"[②]，这些不断移居黑龙江地区的内地居民，还是以汉族为主体，其中也应当包括有清以来不断发配到黑龙江的"流人"。这些来自全国各地和多民族的新居民，带来了该地区、该民族的饮食习惯、审美观点、烹调技术等，更重要的是带来了中原和内地博大精深的文化和政治、经济财富。使得整个东北地区始终处于一种活跃的交融状态。史料记载："许多外省人到东北地区都从事饮食业，其中到宁古塔的外省人仅开饭店的人数竟占外籍移民的三分之二以上"[③]。南北融合、相互交流，促进了东北地区农业的发展，拓宽了东北饮食文化的内涵。

少数民族对内地的文化影响也是很大的，在《齐民要术》中，"狗"没有被列入"畜牧卷"中，这是少数民族文化对中原文化产生影响的一个典型例子。游牧时代，作为"守犬"的狗在畜牧业中有很大作用，是畜群的忠实守护者。东北的游牧民族进入中原以后，他们食羊的习俗渐渐影响了中原食狗的习俗，特别是游牧生活已经被农耕生产所替代，于是狗渐渐失去了往日的重要地位，逐渐退出了主要的牲畜之列。另一方面，游牧民族进入内地，也加速了中原地区畜牧业的发展。例如游牧民族"食肉饮酪""貊炙""捧炙"等饮食习惯对中原人

---

① 金梁：《黑龙江通志纲要·户籍志》，铅印本，1911年。
② 西清：《黑龙江外纪》卷八，清光绪广雅书局刻本。
③ 杨宾：《柳边纪略》卷三，商务印书馆，1936年。

有很深的影响。

到了19世纪末至20世纪40年代，东北地区更呈现出小区域的文化活跃现象。众多的外籍人士不仅以自己特异的民族、肤色、服饰、语言、习惯、建筑等影响到东北地区，更以各自的食物和饮食习惯使近代东北地区尤其是大中城市，充满了西方文化色彩和异国情调。作为"舶来品"的外来文化，如啤酒、面包、香肠、西餐以及相关文化在东北的黑土地上生根了。大批的法国、德国、希腊等欧洲人，以及后来的苏联人、犹太人、日本人、朝鲜人等外国人拥进东北地区。无论他们带着怎样的动机和背景（经商、交流、避难甚至是非法入侵等）来到这片土地，毫无疑问的是，他们都带来了各自民族的饮食习俗和文化理念，逐渐形成了今天的东北地区饮食文化。

开放包容、兼收并蓄是东北地区饮食文化的一个明显特征，她具有博大的包容性和巨大的消化能力，她广泛吸收祖国各地多民族的文化营养，不失时机地融进大量的国外文化，结合自己的文化特点和生态特点完成了文化的再造过程，使之更加丰富多彩并充满活力。

第二章 原始社会时期饮食文明之肇始

数十万年前，东北人民的祖先就在茫茫白山黑水之间艰苦地生存着，他们披荆斩棘，茹毛饮血，在创造自己生存条件的同时，也创造着文明。这里的多处文化遗址的发现，是对东北地区早已存在远古人类活动的证明，是对源远流长的东北历史的证明，也是对东北丰厚饮食文化的证明。

第一节　东北地区的原始社会文化遗址

1. 金牛山遗址

迄今考古发现，东北地区最早的古人类居住地是位于辽宁营口田屯村金牛山的金牛山遗址。金牛山人的活动范围应大致在辽南山地、渤海之滨的山林地带。据推测，当时该地的气候很温暖湿润，比较适合动植物的生长，成群出没的野兽、繁茂的植物，为原始人类创造了栖息与繁衍的环境。经年代测定，确定金牛山人距今约28万年左右。当时人们使用的石器是用锤击法和砸击法打制的，石器类型有两极石核、刮削器、尖状器等，这都与距今约70万年左右的北京人使用的工具十分相似，因此有专家推测，金牛山人可能与

图2-1 金牛山遗址（《辽宁文化通史》，曲彦斌提供）

北京人有过最起码的地缘上的接触。[1]但据初步观察，金牛山人化石的形态比北京人进步，与距今约20万—15万年的早期智人阶段的陕西大荔人接近。

2. 鸽子洞遗址

1965年，东北首次发现旧石器时代的洞穴遗址——鸽子洞遗址，该遗址位于今辽宁省朝阳市，出土的石器主要是刮削器、尖状器、砍砸器，这些均用砾石制成，制作方法比较精致。从洞内发现的哺乳动物的化石看，主要是生活在森林、草原、半草原的动物，这表明鸽子洞人生活的时代，气候条件比较干燥、偏于寒冷。

3. 仙人洞遗址、阎家岗遗址

东北地区的旧石器文化遗存则呈现出向各个地域辐射的趋势，这以距今4万至2万年的辽宁海城仙人洞和距今2万多年的黑龙江哈尔滨阎家岗两处遗址

---

① 安家瑷：《金牛山人头骨》，《中国文物报》，1998年1月11日。

比较典型。在其中都发现了大量的石器、动物化石，以及生活用火痕迹等遗址。此外，黑龙江地区最北部的塔河、最东部的饶河县小南山，辽宁西南部的丹东区域等地，也都有当时人类留下的踪迹。丰富的旧石器文化遗址，为研究和复原当时东北地区的人类生活及地理气候环境提供了直接的证据。

4. 昂昂溪遗址

昂昂溪遗址位于今黑龙江省齐齐哈尔市南郊，属于新石器时代遗址，是中国北方渔猎文化的代表性遗址之一。该处最早由中东铁路俄籍雇员路卡什金发现，1930年由我国著名的考古学家梁思永发掘。经碳14测定，其年代为距今6000—5000年。

昂昂溪遗址大部分分布在松嫩平原各地，构成由22处遗址与17处遗物点组成的昂昂溪遗址群，分布于昂昂溪区的三个乡镇辖区之内，分布跨度东至西、南至北各为30千米左右。自1930年梁思永先生在该遗址进行科学发掘始，陆续发现灰坑、窖穴、墓葬、护村壕、房址等遗迹，发掘和采集的文物约有3000件。历年出土的压制石镞、石铲、石刀、石网坠、刮削器、环状石器、石磨盘、石磨棒、骨锥、骨鱼镖、骨刀梗、骨枪头、骨铲、骨凿、网纹骨管、陶罐、陶瓮、陶杯、陶网坠、陶塑鱼鹰、玉璧、玉环、玉石斧、蚌环、蚌刀等，说明昂昂溪文化是一种以渔猎业为主，兼有畜养业、农业和手工业等多种原始经济形态的新石器时代北方草原文化。几十年来，考古工作者从昂昂溪遗址中获得了丰富的文物考古成果，誉之为"北方的半坡氏族村落"。

5. 铜钵好赉遗址

铜钵好赉（lài）遗址位于内蒙古呼伦贝尔盟新巴尔虎左旗铜钵庙以北的

古河道西侧，属于新石器时代中期文化遗存，距今约7000年。遗址中发现了丰富的石器，石器的做法以压制为主。这些石器的形制较原始，有的大型打制石器仍保存着旧石器时代晚期的遗风。从遗址出土情况来看，当时这里的人们已经能够制作和使用粗糙陶器；人们主要从事渔猎活动，原始农业虽已出现，但占生产活动的比重较小。

6. 新乐遗址

新乐遗址位于辽宁省沈阳市皇姑区黄河大街龙山路北侧、新开河以北的高台地上，属于新石器时代母系氏族聚落遗址，其布局与陕西半坡文化很相似。据考古发现的文物表明，该遗址分属上、中、下三个互相叠压的文化层，距今约为7200—4000年。在遗址中发现有大量的磨制石器和打制石器，如斧、锛、凿、石铲、磨盘等，还发现带有灶坑的半地穴式房址及磨制的圆泡形饰、圆珠等煤精制品；并且还发现了唯一的谷物品种——黍，说明当时的东北地区已有了原始的农业。此外，从中还发掘出大量的石镞和网坠，这表明渔猎在当时也占有重要地位。新乐文化遗址的发现为东北地区史前文化研究提供了十分重要的科学依据。

7. 红山文化

红山文化是与中原仰韶文化同期分布于西辽河流域的发达文明。属于新石器时代文化，距今约五六千年，是母系氏族社会全盛时期向父系氏族过渡的一段时期。红山文化前期阶段包括内蒙古赤峰红山后遗址、内蒙古赤峰西水泉遗址；中、后期阶段包括辽宁阜新胡头沟玉器墓、辽宁喀左东山嘴石砌建筑群址、辽宁凌源三官甸子墓葬、辽宁凌源建平交界处牛河梁"女神庙"

图2-2　新石器时期的女神头像，牛河梁红山文
化遗址出土（《辽宁文化通史》，曲彦斌提供）

与积石冢群。此外，还有"后红山文化"，即小河沿文化，包括辽宁锦西沙锅屯遗址、内蒙古敖汉小河沿遗址、内蒙古翁牛特石棚山墓地。从考古发现来看，红山文化的经济形态以农业为主，牧、渔、猎并存；并以独特的彩陶、之字形纹陶器和高度发达的制玉工艺为显著特征。全面反映了中国北方地区新石器文化的特征和内涵。

以上所列的古人类遗址充分表明，早在石器时代中华民族的原始先民就劳动、繁衍在东北这块土地上，他们在创造自己地域文化的同时，也与华北地区建立了密切的联系，为开发和经营东北地区做出了卓绝的贡献。

第二节　饮食来源方式及原料分布

东北地区自然资源极其丰富，这里平原辽阔，水域丰富，山脉绵长，森林繁茂。冬季白雪皑皑，夏季降水充足，非常适合动植物的生长。可以说，这里是天然优越的狩猎、采集、捕捞以及农、牧之地，这使东北地区早期先民的食物来源得到了可靠的保证。

一、东北先民的饮食来源及获取方式

1. 取之自然，以火熟食

取食于自然是人类的生存本能方式。石器时期，东北地区的生存环境极其艰苦，原始先民们只能依靠群体的力量获得生存的基本保障。他们以原始的石器或木棒，从事狩猎和采集活动，获得有限的兽类或植物根茎等现成食料，以满足生存需求。直到掌握了火的使用才改变这样的状况，火之于熟食是人类饮食文明的萌芽。人类掌握了取火技术，是人类历史上的一次大进步。火的使用使人们提高了生存能力，对人类的健康极为有益，它从此结束了人类茹毛饮血的时代，使人类的饮食方式发生了质的飞跃。在世界各国便有了关于火的种种美丽传说，在中国的传说中，火是由燧人氏钻木取之，普泽众生的。史载："上古之世，人民少而禽兽众，人民不胜禽兽虫蛇。有圣人作，构木为巢，以避群害，而民悦之，使王天下，号之曰有巢氏。民食果蓏蚌蛤，腥臊恶臭而伤害腹胃，民多疾病。有圣人作，钻燧取火，以化腥臊，而民悦之，使王天下，号之曰燧人氏。"[1]

在金牛山文化遗址中出土的当时人类使用的打制石器、石片、骨器和灰烬，即说明了人类对火的使用情况。"特别是1993年在该层的下部还揭露出

---

① 韩非：《韩非子》卷十九《五蠹》，四部丛刊景清景宋钞校本。

一大片当年金牛山人群居洞中肢解动物、围火烧烤、敲骨吸髓那种肉食生活场面的遗迹。在发掘出的十几平方米的居住活动面上，遗有一堆堆篝火的灰烬，周围散布着一块块动物烧骨和一片片敲碎的动物肢骨，层层堆积，愈下愈古，历万千年，形成厚厚的文化层，年代远远超过了30万年前，再现了东北原始祖先那穴居野处，'筚路蓝缕，以启山林'的一幕幕历史活动的情景。"①由此可以证明，当时的人们已经学会了保留火种，并把狩猎获得的猎物割后烤熟食用。

配合火的使用，人类又发明了炊具，以之盛装食物并放在火上使之变熟，"以熟荤臊，民食之无腹胃之疾"。这样，人类不仅从生食阶段进入到熟食阶段，且由烤食法进入煮食法，熟食与生食的区别不仅仅是味道上的差异，更重要的在于能够缩短食物的消化过程，使人类更加容易获取营养，增强体质，促进人类身体和大脑的演进；同时也能减少疾病的发生，延长人类的寿命。

2. 原始农业的出现

进入新石器时代以后，随着生产工具的进步、社会分工的演进以及氏族组织的发展，逐渐出现了原始的农业、畜牧业和手工业，这表明原始先民们已开始不再简单地依靠大自然的赐予，而是从攫取型经济向生产型经济过渡，开始了对自然的利用，开始了最初的经济开发。

考古资料表明，大约在六七千年前，东北地区就已经出现了农业萌芽。东北农业文明的发源地应在辽河流域，由于其相对于东北其他区域来说地理位置偏南，不仅日照充足，而且受中原文化影响大，文明程度高，氏族组织

---

① 张碧波、董国尧:《中国古代北方民族文化史》，黑龙江人民出版社，2003 年。

也发展到了较高阶段，所以该地有着发展农业的先天优势。辽河流域的农业文明进一步促进了松花江、黑龙江流域的开发及其与内地的经济文化联系，之后东北北部区域陆续出现了农业萌芽。在黑龙江省嫩江流域的依安县乌裕尔河大桥新石器时代遗址发现的石犁，在内蒙古自治区呼伦贝尔盟南部挖掘出石斧、磨盘、磨棒等，均证实这些地方早已有了原始的农业活动。出土的还有用于锄草及松土的石锄、用于砍伐的石斧、用于刨土播种的鹿角锄等典型的农业生产工具，不仅表明当地居民"刀耕火种"式的农业特点，而且表明当地农业已经成为部分地区居民的生计方式，使一些原始部落逐渐进入到较稳定的定居生活。

沈阳新乐遗址堪称是原始农业发展的代表，在遗址中发现了大量的磨制石器和打制石器，还发现约有100平方米的谷物加工厂，场地中央有火塘，精致如工艺品的多具石搓盘规则地散布在场地四边，再现了原始农业的发达景象，其所代表的东北地区的史前农作文化颇具区域特点，并且完全不落后于内地各文化区。此外，在长春左家山新石器时代遗址中也出土了斧、锛、刀、杵、磨盘、磨棒等石制农具，在铜钵好赉遗址中出土了少量的打制石杵和石磨盘，这两处遗址体现出农业文化在当地的萌芽。在内蒙古扎鲁特旗的南勿呼井还发现了扁桃形的打制石斧和石镰，这是东北中西部草原地区中农业文化最古老的源头；辽西的红山文化和辽东的小珠山文化出土的磨制石种类齐全，显示出其完全定居的农业氏族部落的性质；从处于新石器时代、青铜时代的奈曼旗、库伦旗采集到的石磨棒、石磨盘、石杵以及较先进的农耕工具磨制石耜等器物可以看出，这里的原始居民已经从事农耕。辽东半岛是新石器时代中黑陶文化的代表，这里也有原始农业，人们用磨制的石器种地，用石犁耕地，用石镰或蚌镰收割，用石杵和石磨盘磨碎谷物，进行着最原始的农业生产。

总体来看，东北原始农业发展遍布整个地区，分布范围较广。它的特点是一直与采集、渔猎经济紧密结合在一起，在东北东部表现为农、渔、猎型混合经济，而西部则形成牧、农、猎型复合经济。原始农业的发展，使人们的生活方式发生了重大变革，开始了较为稳定的定居生活。

3. 原始畜牧业的出现

恩格斯指出，在人类社会向前发展的漫长历史中，肉类食物引起了两种新的有决定意义的进步，其中之一就是人类基于对肉食的需要而学会了对动物的驯养，"使肉类食物更加丰富起来，因为它和打猎一起开辟了新的更经常的食物来源，除此以外还供给了就养分来说至少和肉相等的像牛乳及乳制品一类的新的食物"。这是人类历史的伟大进步，它"直接成为人的新的解放手段"。①东北地区水草丰美，地理条件得天独厚，自然资源的这种优越性，为原始畜牧业的发展提供条件。

新石器时代以后，人们在狩猎过程中逐渐学会了饲养各种牲畜，于是开始了早期的畜牧活动，渐渐出现了畜牧业、手工业生产以及相应的产品交换。即便是在偏北的呼伦贝尔盟的海拉尔一带，在约八千年前也已出现了早期的畜牧活动。但受当时各种条件的限制，农牧活动在整个经济生活中所占的比重不大，传统的狩猎和采集经济仍占据主体的地位。

---

① 中央编译局编：《马克思恩格斯选集》第3卷，人民出版社，1995年。

二、食物原料的种类

1. 天然的食物原料——野兽、野果和鱼类

最初，原始先民们的生存完全依靠自然界的赐予。他们以极其简陋的工具从事集体的狩猎活动，猎取包括毛犀、猛犸象、东北野牛、野马、鹿在内的许多野兽，或者是制作出极其简单的猎鱼工具以捕捞鱼类。辽宁鸽子洞旧石器时代遗址中的灰烬层所含的大量烧骨中以羚羊骨最多，表明当时人们以羚羊为主要狩猎对象。进入新石器时代以后，人们用天然石头磨制成劳动生产工具，如狩猎用的石镞、石刀，捕捞用的鱼标、鱼叉、鱼钩等。制造工具技能的逐渐提高，使人们的狩猎和捕捞更加方便起来。除了这些，人们还常常采集各种野果、野菜，比如山梨、李子、山葡萄、软枣、蕨菜等。在山区附近的先民主要采集的则是山货，有山核桃、橡子、榛子、松籽等，一些地区（如兴隆洼）出土的植物果实硬壳经鉴定为胡桃楸，应是当时人们采集的果实。

图2-3 鸽子洞穴（《辽宁文化通史》，曲彦斌提供）

东北地区有其独特的地理优越性，山川众多、动物遍布、植物繁茂、水产丰富，这决定了人们最初的生存方式就是以野兽、野果和鱼类为天然的食物原料。正是靠大自然的这些赐予，人类才获得了生息繁衍的条件。

2. 农作物原料——粟、黍、大豆

新石器时代以后的生产工具更加便利起来，这使土地得到了一定程度的开发和利用，人们开始从事早期的农业生产。

当时的东北先民已经知道用石刀进行收割，知道人工栽培农作物籽粒，如粟、黍、大豆等，知道使小米脱离野生状态，将其作为主食的食料。此外，在新乐遗址中发现了炭化谷物，经科学鉴定为黍，可见黍是东北地带比较常见的种植物。

3. 家畜类原料——猪、狗、牛、羊等

东北早中期的旧石器文化遗存很少，这与气候的变化、尤其是冰期的到来有关。据分析推测，冰期的到来使一些喜寒的披毛犀动物群如猛犸象等渐次北移，甚至跨过北极圈，越过阿拉斯加山脉而进入了"新大陆"，由此导致东北的一些动物因此而陆续灭绝，动物品种开始减少。这对于以狩猎为生的东北先民来说，仅仅凭借自然的野生动物为食是不够了，于是，新石器时代以后，人们不再把狩猎获得的野生动物全部杀掉，而是试着将其饲养并驯化，以保证肉食来源的稳定性。

当时的人们尝试着将野牛驯养成家牛，将野羊驯养成家羊，并尽心饲养以使其繁殖。除了牛、羊以外，位于黑龙江省镜泊湖畔的肃慎人则学会把野猪驯养成家猪。从考古发掘出的陶猪、陶狗等来看，当时东北的家畜饲养业是有一定发展的，这是人类在利用自然资源方面的又一大进步。

三、食物原料的分布

由于地形各异、气候不同以及周邻生活习惯等因素的影响，我国东北地区的各族群在饮食原料上的侧重点是不同的，分别体现为以水产品为主、以牲畜类为主、以狩猎品为主、以农产品为主的四种分布形态：

1. 北部、东北部渔业部族：以水产品为主

至少在5万—1.5万年以前，鱼类就成为人类社会有意识的实践对象。它作为人类继"天然食物"之后的第二种"食物资源"，在人类进化史上具有决定性的意义，"是最早的一种人工食物"[①]。在水资源极其丰富的东北地区，鱼类极多，黑龙江、乌苏里江、松花江、辽河等江河的渔业资源非常丰富。所以，北部及东北部的沿江民族形成了以河谷捕捞渔业为主的生存方式，奠定了以鱼肉为主食的饮食风格。

黑龙江大、小兴凯湖之间的新开流文化即具有鲜明的渔猎色彩，那里活动着一个以渔猎为业的部落。大批出土的陶器上都饰有鱼鳞纹、鱼网纹、水波纹、格纹及条纹等美丽而繁缛的纹饰，还有一些实用的生产工具如鱼标、鱼卡子、鱼叉、鱼钩等，特别是鱼窖的存在，都证明了当时渔业的发展。鱼窖一般是呈圆袋形，窖中堆满了鱼骨，由此可见秋季鱼汛期时，人们捕捞丰收后的积藏状况。这不仅说明鱼类是该地人们赖以度过北方漫长寒冬的食物，而且"证实6000年前左右当地的渔猎生产已达到了较高的水平"[②]，体现了当时人们丰富的渔猎生产活动。在新开流遗址除了发现有大量鱼骨外，还有一些

---

① 摩尔根：《古代社会》，商务印书馆，1987年。
② 辛培林等：《黑龙江开发史》，黑龙江人民出版社，1999年。

动物骨骼，表明这里的狩猎经济也占有一定比重，以之作为鱼类食物的必要补充。

2. 西部、西北部游牧部族：以牲畜类食物为主

人们在白山黑水之间定居下来后，就学会了充分利用大自然的各种赐予，于是，在西部、西北部地区生活的民族，就近水楼台地利用起天然的游牧资源，过上逐草四方、四处迁徙的游牧生活。这些游牧民族的食物以牲畜肉品为主，从这一地区文化遗址中发现的大量羊、牛、马、狗的骨骼来看，这一带畜牧业是相当发达的，这也和当时的环境特点有关。

如在内蒙古兴安盟科尔沁右翼中旗的原始文化遗址即是以畜牧为主要经济的原始遗存，"呼林河一带的原始文化具有农牧结合，以猎牧为主兼营农业的特点，是属于北方草原细石器文化的第一种类型"[1]。从出土的大量石镞、石矛、石铲、石刀、石磨盘来看，证明当地以狩猎为主的经济形态。

3. 中部、东南部游猎部族：以狩猎、牲畜饲养为主

东北自然条件优越，生长着众多的榆、椴、桦等树木，还混生有抗压力强的红松，大、小兴安岭及长白山一带耐寒的森林动物特别多：大型食草兽类有驼鹿、梅花鹿、马鹿、狍等；啮齿类动物有松鼠、花鼠等；食肉兽类有东北虎、金钱豹、狐狸等。东北中部、东南部地域天然野生的动植物资源更为丰富，这充分保障了先民的狩猎需求，加之各种砍伐器、刮削器、弓矢、箭镞的发明，又给人们的狩猎带来了极大的方便，这就使人们对肉食的获得比较容易，从而丰富了他们的饮食结构。另外，除狩猎外，发现这一地带的

---

① 李殿福：《东北考古研究》，中州古籍出版社，1994年。

人们还饲养牛、羊、猪、狗等，属于狩猎与畜牧混合型的经济。

4. 南部、西南部农业部族：以农产品为主

东北南部、西南部地区由于纬度相对偏低，日照充足且平原面积较大，比较适合农作物的发展，这为人们从狩猎业、采集业进入到锄耕农业创造了条件。由之，人们的饮食习惯也逐渐以农产品为主。

同时，随着农作物收获的增多与稳定，这一地区的人们率先从地洞搬了进用草泥建造的房屋中，开始了以农业为主的定居生活。如在辽宁阜新查海新石器时代早期文化遗址中发现的泥灶、石铲状器、石钺形器、直腹陶罐、陶器杯、陶器碗（其中夹砂陶所占数量相对较多）以及玉器等，都说明当地人们主要经营农业生产，而游牧和狩猎则退居次要地位。

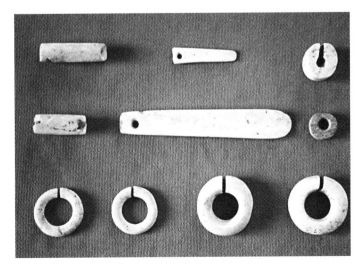

图2-4 查海玉器
（《辽宁文化通史》，曲
彦斌提供）

第三节 生产工具与生活器具

一、生产工具的使用

1. 打制工具

（1）打制石器 在旧石器时代晚期遗址中出土的石器中较大的有砍砸器、球状器和石钻等，用于狩猎或砍树劈木；有些较小的石器如刮削器、尖状器，则是用来剥兽皮、割兽肉的。这时的打制石器数量最多，呈现出制工精细、原料多种、用途多样等特征。人们经历了漫长的岁月，从极其艰苦的生产斗争中不断突破旧的经验，提高制作工具的水平，打制出了更加适用、更加规整的石器。在新石器时代，查海文化遗址中的石器以打制为主，有很多石器呈铲状，如束腰、长弧刃等；而兴隆洼的石器则以打制有肩锄形器最富代表性，磨制石器以"斧形器"数量最多；新乐遗址中有凿、锛、镞等打制石器，还发现渔网所用的网坠，多为石英岩石器。

（2）打制骨器和木器 除了打制的石器外，人们还将动物的骨骼、植物的枝干打制成各种工具，用于狩猎、捕捞和农业生产。在骨器的制造工艺方面开始运用磨制技术，例如出现了骨针和骨锥。

2. 复合工具的出现

随着劳动生产的发展，石器制作的方法和技术有所进步，在细石器时代及新石器时代，出现了复合工具。所谓"复合工具"，即是人们把工具进行了组合，使其具有了多种功能，如人们将细石镞固定在箭杆上，以弓射之，这种弓箭或标枪复合工具的出现，扩大了捕猎的种类、数量与范围。此外，人们还知道将细小长方薄片石刃，成排嵌入刀、矛、鱼叉等特定部位的复合工具上，以适应渔猎畜牧部落的生产活动。

3. 磨制工具的产生

人类进入新石器时代以后，工具的制作类型主要是磨制石器。人们把石斧的两个侧面磨出平直棱；把长圆形的磨盘周边稍修整，磨面平凹；用磨制的石棒做成杵等。磨制工具的出现，给人类的生存带来了极大的方便，人类用天然石头磨制成劳动生产工具并广泛使用，促进了生产的发展。小河沿文化遗址中出土的石器多为磨制石器，如斧、锛、铲、刀，圆形有孔石器、圆磨器、磨盘、杵、细石器、砍砸器等。特别是骨类的磨制品更为精细，如骨镞、骨匕、鱼钩等，更加方便了人类的生产。

二、生活器具的应用

伴随着人类的饮食活动，也就有了饮食生活器具的应用。人在饮食过程中逐渐脱离只用双手的局面，开始借助一些原始的食具就餐。最早出现的食具是贝壳、瓠瓢以及某些动物的头颅骨、某些植物的叶子等，后来陆续出现一些粗糙的、简单的食用具。在新石器时代的郭家村遗址中出土的日常生活器具有实足鬲（lì）、罐形鼎、盉（hé）等；左家山遗址下层出土的饮食用具中多有对称的双耳食器。这一时期东北地区饮食烹煮器、贮存器、进食器数量的增多，材质利用的多样化，无疑记录着东北地区先民饮食生活经验的积累、饮食文化价值的创造。

1. 陶器的应用

距今一万年左右，中国出现了陶器，这既是原始手工业的一个进步，也是食具史上的一个重大进步。在东北地区也有了陶器制作，但初始的陶器并不精细，不少细石器文化遗址的特征是"陶器较少，而且制陶技术差，陶器上常压印有篦纹"[①]。到新石器时代晚期，陶器的数量逐渐增多，且制陶技术也在进步。在遗址中出现的食具有了壶、碗、罐、杯、钵、勺、平底盘等陶器，有的陶器里还含有少量滑石粉，偏北地区遗址中的陶器多灰褐泥质。

早在史前时期，居住在东北地区的东夷族就有了陶器文化，其中以山东文化最为著名，其工艺具有黑、薄、光、纽四个特点，"'黑'是指它具有黑色外观，'薄'是指器壁很薄，其厚度仅为0.1～0.2厘米，因而又以'蛋壳陶'著称。'光'是指器表具有光泽，'纽'是指器物有穿绳和手持的器面或纽盖。"[②]新石器文化晚期的辽宁小珠山遗址下层陶器多含滑石夹砂红褐陶和黑褐陶，器型有直口筒形罐、敛口筒形罐和小口鼓腹罐；遗址中层陶器则以夹砂红褐陶和红陶为主，器形多直口筒形罐，还有碗、钵、盂、豆、盉、盆和罐形鼎、器盖、觚形器等。在内蒙古，红山文化前期出土的陶器以细泥红陶和夹砂粗褐陶为主，其形多为平底的碗、盆、小口或大口的罐类，也有圆底的钵类；红山文化中、后期阶段出土的器物有钵、盆、瓮、罐、杯、瓶形器、圈足盘、豆、器盖等；在红山文化之后的过渡阶段——小河沿文化遗址中，大量黑陶器与彩陶共存，器形以敞口平底筒形瓮为主；石棚山的陶器则包括罐、豆、壶、碗、盆、高足杯、器座、勺形器、尊

[①] 翦伯赞主编：《中国史纲要》，人民出版社，1983年。
[②] 安柯钦夫主编：《中国北方少数民族文化》，中央民族大学出版社，1999年。

等；夏家店下层文化遗址中的陶器主要分为两类：夹砂灰褐陶和泥质红褐陶。自从有了陶器，人们可以烹饪、收藏食物，迈入饮食文明的又一个新阶段。

2. 骨针、纺轮的使用

石器时代，人类过着狩猎、采集和捕鱼的生活，在氏族内部成员已有了按性别和年龄的简单分工，青壮年男子从事狩猎、捕鱼和防御猛兽，妇女则从事采集劳动和烧烤食物，妇女们用骨针加工兽皮缝制衣服，用纺轮织出了以野麻纤维为原料的最原始的布。正是这些工具的使用，极大地提高了先民的生活质量。

第四节　饮食文化思想的萌起

一、饮食审美意识的初步觉醒

远古时期，人类审美意识产生，人们开始制造装饰品来美化自己。现存最初的装饰品来源于人类用鱼骨做的饰物，体现出原始人类对自然力的崇拜，也是人类艺术审美的文化创造之初始。从东北各地出土的文物情况来看，我们看到古人类处于初始状态的审美意识在觉醒。如夏家店下层文化中出土了女人双耳佩戴的玉玦；在新开流文化中发现了猎鹰海冬青骨雕和鱼形鹿角雕；牛河梁遗址、红山文化遗址中陆续有玉器出现，这些玉器的种类有璧、环、龙、璜，造型多数为动物形状；在吉林科尔沁右翼中旗的原始文化遗址中发现有匕形器、玉锛等细石器，原料多为玉髓、水晶、玛瑙，有的还进行了第

图2-5　牛河梁遗址斜口筒形玉器（《辽宁文化通史》，曲彦斌提供）　　图2-6　牛河梁遗址玉雕龙（《辽宁文化通史》，曲彦斌提供）

二次加工。

　　陶器的制作，也触发了人们的审美意识。制作陶器，首先考虑的是它的实用功能，"正是这种从实用出发的强大动力，才不断地推动新石器时代的陶器造型从简单的器物种类和式样演绎为各种新的复杂式样……陶器装饰艺术的产生，则是在制陶劳动的实践中触发的。"①在黑龙江沿岸原始社会村落遗址中出土的许多陶器上，都带有优美生动的篦点纹、鱼鳞纹、方格纹、螺旋纹、鱼网纹、水波纹等，其中的鱼鳞纹、鱼网纹等，带有鲜明的地域特色，在中原地带极其罕见，"它们是黑龙江沿岸原始居民水上渔猎生活的真实写照，是原始先民在向大自然做斗争中创作的原始艺术"②，反映出东北黑龙江沿岸部族的审美特征。

---

① 熊寥：《陶瓷审美与中国陶瓷审美的民族特征》，浙江美院出版社，1989年。
② 张泰湘：《东北考古研究（三）》，中州古籍出版社，1994年。

二、饮食与原始崇拜

在原始的蒙昧时代，先民们对自然界的很多现象无法做出合理的解释，例如自然界的植物生长现象、动物的繁衍现象等，远古先民们认为自己的部族与某种动植物或其他自然物之间有一种神秘特殊的亲近性，于是就将这种植物或动物作为民族、部落崇拜的对象或是作为部落的标志。1983年、1984年，在丹东后洼遗址中，出土的文物有1600多件，其中有40多件是带有动物形、植物形、人形或人兽合一的石雕或其他雕塑艺术品。先民们所雕的动物和植物，就是一种原始图腾，体现了原始社会的图腾崇拜。

因为远古时代人们的饮食来源主要是狩猎或采集获得的动物或植物，人们的饮食观也应当受到二者的影响，所以，先民们的饮食习惯与对动物、植物的原始崇拜、原始宗教密切相关。"*夫礼之初，始诸饮食，其燔黍捭豚（bǎi tún），污尊而抔饮，蒉桴（kuì fú）而土鼓，犹若可以致其敬于鬼神。*"①这是远古时代人们用饮食方式供拜神灵的礼仪，其意为：原始先民们把黍米和小猪放在火上烧烤，并且挖坑于地，盛之以水，以双手捧之，当酒来喝。此外，人们还把草茎扎成鼓槌，以大地为鼓，将"鼓槌"敲打地面的声音当成鼓乐，从而把烧熟的食物和欢快的神情作为向鬼神的供奉。人们"*是按照人要吃饭的观念来构想诸神灵界生活的，以为祭祀就是让神吃好喝好以后，才能保证人们生活的平安如意*"②。

远古先民们认为，人与天、地、自然间是有必然联系的，人的生存与自然界的动物、植物密不可分。而天是万物之灵，天与人是相通的、是一体的，

---

① 《礼记》，中州古籍出版社，2010年。
② 王泽应等：《公关礼仪学》，中南工业大学出版社，1998年。

沟通人与天的媒介是神，对神灵的祭拜是祈盼得到天助，有饭吃。这就是中国传统文化中最重要的文化思想——"天人合一"，因此自古以来，中国的先民们就是敬畏自然、爱护生态的。

第三章 先秦时期东北各部族与农牧业生产

原始社会末期，随着社会生产力的发展和社会财富的增多，"就出现了私有财产，出现了氏族社会成员之间的贫富分化，出现了阶级，出现了剥削，原始公社逐渐瓦解，新兴的奴隶社会就在原始社会瓦解的基础上建立起来了"①。公元前2070年左右，夏禹传子，中原大地上出现了中国历史上第一个王朝——夏朝，这标志着"天下为家"的开始，从此，奴隶制社会代替了原始社会。中原政权建立之后的各个朝代，为了稳固周边疆域，都经常对周边民族发动战争，从进步意义上说，这促进了周边各民族的社会发展。

东北地区也是如此，早在夏朝少康之时，东北诸夷就"世服王化，遂宾于王门"，可见夏王朝的管辖范围已经达到东北地区的西南部；至商、周以后，随着中原政权的强大，东北地区的各族先民相继表示臣服，与中原的联系进一步加强，这在一定程度上促进了东北文化的发展。

---

① 李殿福：《东北考古研究》，中州古籍出版社，1994年。

第一节　东北诸族及与中原的关系

一、先秦时期的东北部族

在我国历史文化的浩瀚海洋中，东北地区是我国广袤土地上的一个边隅闪光点。在璀璨的中原文化映照下，这里的人们创造出了具有浓郁区域特征的文化，以多民族聚居、生活多样、风俗各异而成为我国的重要文化分区之一。先秦时期，东北地区的少数民族先世就是在这样的背景下生存的。

1．肃慎

肃慎是见于文献记载的东北地区的最早先民，也作息慎、稷慎，其活动范围北起黑龙江下游，东到日本海，西至蚂蜒河流域，南抵穆棱河下游的新开流遗址，分布极其广泛。历经夏、商、周三代，一直顺服于中原政权，是东北先民与中原联系最早的部落。随着社会的进步，从该共同体中一次次分化出新的部分，并且在其迁徙、发展过程中与其他民族相融合，形成新的共同体。

在中原地带进入奴隶社会之后，早在夏禹时期起，肃慎人就对夏表示顺服，到周时，与中原关系更为紧密。《国语·鲁语》曰："（武王克商之后）肃慎氏贡楛（kǔ）矢、石砮（nǔ）。"《史记·周本纪》说："成王既伐东夷，息慎来贺，王赐荣伯作贿息慎之命。"《后汉书·东夷列传》："康王之时，肃慎复至。"肃慎与周朝的"职贡"关系由此可见一斑。《左传·昭公九年》记载，春秋之际，周王室的代表宣称"肃慎、燕、亳，吾北土也"，把肃慎同其封国燕一样视为自己的北方领土，肃慎成为中原王朝疆土不可分割的一部分。事实上，当时肃慎人的活动范围目前还没有定论，所以从这一点来说，肃慎应该在周朝的势力范围之内。

　　肃慎人以狩猎为生，只要是他们目力所及，举凡山林草地里的獐、狍、麋、鹿、虎、豹、狼、熊，高空飞翔的大雁、苍鹰、野雉，湖泽附近的凫、鸥，无一不是他们的美味佳肴，还有一种被称为"麈"（zhǔ）的动物，更是他们肉食的主要来源。据史料记载，肃慎人很早就知道"海冬青"这种飞鸟，《国语·鲁语》中记载："有隼集于陈侯之庭而死，楛矢贯之。石砮，其长尺有咫……仲尼曰：'隼之来也远矣！此肃慎氏之矢也。昔武王克商，通道于九夷、百蛮，使各以其方贿来贡，使无忘职业。于是肃慎氏贡楛矢、石砮。'"这里的"隼"就是海冬青，事实上肃慎人是以海冬青为图腾，同时也说明，早在商周时期，肃慎人就在东北地区活动了。史书记载曰："其人皆工射，弓长四尺，劲强。箭以楛为之，长尺五寸，青石为镝。"[1]

　　商周时期，在东北一些地区，肃慎人的农业经济开始发展，家畜饲养也比较发达，在他们所饲养的家畜中，猪的比重尤其大，肃慎是东北地区最早养猪的民族，也是一个较早过着定居生活的民族。而有的地区尤其是长白山以北及以东、东部边缘滨海地带一些部落的肃慎人，则还是以渔猎为生，处于发展较低的阶段。

2. 九夷

　　九夷又称东北夷，是夏时居于东北地区的民族，曾经主要接受夏王朝的管辖。文献中关于九夷的记载很少，但基本上都能反映出这一民族与中原夏政权的关系，如在夏后芬（又作"槐"，第八王）时，"九夷来御"[2]，这是一段

---

[1] 吴任臣：《山海经广注》卷十七《大荒北经》，清康熙六年刻本，1667年。
[2] 方诗铭、王修龄校注：《古本竹书纪年辑证》，上海古籍出版社，1981年。

东北九夷为夏王朝服劳役的文字记载，是九夷臣服于中原的举证，反映出夏王朝对九夷在政治上的统属关系。

商朝武乙（第二十八王）时，九夷渐渐强盛，其中一支从东北迁到淮河流域，史书上称之为东夷，是我国先秦史中的一个重要的少数民族。

3. 山戎

山戎是中国北方古老的狩猎民族之一，善于骑马射箭，又称"北戎"，大致活动范围在今河北东北部至辽宁、大凌河流域一带，较其他少数民族而言，地理位置距离中原较近，所以山戎文化与中原文化的交融性就大一些。早在传说时代，就同中原有密切的关系，先秦古籍的大量记载表明，在很久以前，东北地区就有肃慎、山戎的先民们，他们在艰苦生存的同时，还与华夏部落联盟的军事首领帝舜之间建立了从属性的联系。

西周时期，山戎先民的活动范围归属于周朝的势力范围，《逸周书·王会》："东胡黄罴，山戎戎菽。"说的是周成王时，山戎曾向周王朝贡戎菽（大豆）。《史记·匈奴列传》记载："而晋北有林胡、楼烦之戎，燕北有东胡、山戎。各分散居溪谷，自有君长，往往而聚者百有馀戎，然莫能相一。"山戎支系多，他们时常南犯，"春秋战国之际，与中原地区急剧变革之同时，东北地区的政治格局也发生变化。山戎与东胡势力强大后曾由北向南拓展，达到今西拉木伦河以南及河北省的东北一带，危及了燕侯国的存在。因而出现公元前7世纪中叶齐桓公'北伐山戎，制令支，斩孤竹而南归'的大事件"。[1]公元前664年，齐桓公大败山戎。考古发现表明，当时的山戎族已进入青铜时代，过着以游牧经济为主的生活，其饮食以畜肉为主，辅之以戎菽等菜蔬。

---

① 魏国忠校注：《东北民族史研究》，中州古籍出版社，1994年。

4. 濊貊

濊貊在东北有相当长的历史，文化发展程度也较高。濊貊原分为濊、貊两族。濊族的"濊"因水而得名，主要从事农业，居住地偏东，吉林及朝鲜半岛的北部住有这一地区的土著居民；"貊"，同貉，是一种类似黑熊的动物，貊族因图腾而得名，有的史书上往往称之为"貉族"，貊族主要从事畜牧业，居住地偏西，以后有部分东迁到濊居住区，自战国以后，濊、貊两族常常连称。先秦时期，濊貊人的分布范围北起嫩江流域，南到鸭绿江畔，东至松花江流域，他们如同肃慎、东胡一样，也是擅长狩猎和捕捞的民族，饮食也来源于此。商代时，由于中原地带变动，致使贵族箕子的部众及大量殷人来此居住，同时也将中原先进的文化带了过来，他们对濊貊人"教以礼仪、田、蚕，又制八条之教。其人终不相盗，无门户之闭。妇人贞信。饮食以笾豆。"①使濊貊人的农业经济有了相当的发展，早在战国晚期，松花江上游的濊貊族就已使用铁镰和铁锼（huò），但作物品种基本上"惟黍生之"，由此也可以推知，濊貊人也以谷物为主食。他们著名的食品名叫"貊炙"，"貊炙，全体（整只野兽、牲畜）炙之，各自以刀割，出于胡、貉之为也"。

濊貊活动的典型文化遗址叫"白金宝遗址"，它位于黑龙江省大庆市肇源县民意乡白金宝屯，该遗址大致产生在西周中期，是嫩江下游一处较早的、发展水平较高的青铜时代文化遗址。此处出土的生产工具有：蚌刀、蚌镰、蚌锼；骨鱼鳔、骨矛、骨镞；磨制石斧、石锛、石镞、刮削器、青铜制的箭头、铜范等。此外，还发现几件可以复原的具有中原文化特征的炊具——陶鬲，这表明东北地区在饮食方面和中原地带的关系一直比较密切。

----

① 范晔：《后汉书·东夷列传》，中华书局，1965年。

5．东胡

从地理位置上说，"东胡在大泽东"[1]，"大泽"即达赉湖，是东胡人捕捞鱼类的主要水域之一。尽管临近水域，但东胡人的主要生产仍是射猎和畜牧，而且富有"畜产"，如猪、鹿类及马、羊等，《史记·匈奴列传》载匈奴冒顿"大破灭东胡王，而虏其民人及畜产"，表明"畜产"是东胡人的主要财产。畜牧的发达影响到人们的饮食习惯与日常生活，东胡人的饮食是吃畜肉、禽肉、鱼类、谷物和野生动物。人们常将家畜之皮制作成衣，所以东胡人有"衣猪皮"[2]的习惯。

自周代以来，东胡就与中原政权建立了贡属关系。到战国时期，东胡与中原的关系日渐紧张，燕昭王即位之后，"燕国殷富"，曾向东北拓疆，不少北方民族陆续被燕、赵两国所征服，由于燕北是东胡居地，为了解决东胡对燕的威胁，燕将秦开"袭破东胡，东胡却千余里"[3]，燕的势力扩展到今天的赤峰和朝阳一带，"燕亦筑长城，自造阳至襄平，置上谷、渔阳、右北平、辽西、辽东郡以拒胡"[4]。辽西郡北境应接近西辽河一带，西辽河以北即是古代东胡族游牧之地，此后，东胡人一直在此居住。

1973年在宁城南山根的东胡墓葬中，还发现了仿效黄河流域贵族墓中随葬的青铜礼器，其形状与中原的青铜礼器形状相同，这说明春秋战国之交，东胡族的一些部落已经进入了青铜时代，但铜器数量不多，更未能完全取代石器，故在相当长的一段时期内，东胡族还处于铜器与石器共用的时代。到了战国后期，东胡政权的北界已达到了大兴安岭及呼伦贝尔草原一带，此时正

---

① 《山海经·海内西经》，引自吴任臣：《山海经广注》卷十七《大荒北经》，刻本，1667年。
② 吴任臣：《山海经广注》卷十七《大荒北经》，刻本，1667年。
③ 班固：《汉书·匈奴传》，中华书局，1982年。
④ 班固：《汉书·匈奴传》，中华书局，1982年。

是中原政权封建制度开始步入稳定的时候，而东胡人事实上则刚开始建立奴隶制政权，出现了以"王"为最高阶层的管理机构。

二、东北各部族与中原的关系

1. 夏商周时期东北部族与中原的关系

"在中国的奴隶制时代，奴隶制国家对所属的部落实行分封朝贡制，即对四周各民族加以册封，保持其原来的生产方式，各民族要向中原王朝朝贡，臣属于中原王朝。"①肃慎就是东北地区最早和中原进行联系的一个民族。前文已述《逸周书》载，周之会时，肃慎人就把"麈"作为贡物献给周成王，接受中原政权对他的册封。《尚书·周官》亦载："成王既伐东夷，肃慎来贺，王俾荣伯作《贿肃慎之命》。"此外，先秦时期，东北地区的其他少数民族也有接受中原政权册封的，如山戎向西周贡戎菽，辽宁西南部的土方族则向西周王朝贡青熊。

商周时期，中原地区高度发达的青铜文化对周边产生了积极的影响，"辽河流域的青铜文化也继之而起，这种文化是属于燕青铜文化和东胡族青铜文化，经由辽西而进入辽河流域的。由此可以看出，辽河流域以其适于农业经营的环境产生了巨大的吸引力，使得中原华夏族的燕人以及分布于西辽河上游地区的东胡族部落，也纷纷迁居到辽河流域的中下游地区"②。西周中期以后，东北少数民族文化逐渐向中原地区推进，形成"华夷杂处"的局面。

---

① 姜艳芳、齐春晓：《东北史简编》，哈尔滨出版社，2001年。
② 张志立、王宏刚：《东北亚历史与文化》，辽沈书社，1992年。

2. 春秋战国时期东北各部族与中原的联系

春秋战国之际是中原地区急剧变革之时，东北地区的政治格局也发生了巨大的变化，各少数民族之间关系紧张，强势民族不甘居于落后区域而南下扩张，客观上促进了区域文化的交融。

春秋战国时期的东胡与山戎，主要活动于今内蒙古哲理木盟最南端的库伦旗一带。山戎与东胡势力强大后曾由北向南拓展，达到今西拉木伦河以南及河北省的东北一带，直至危及燕侯国。战国燕昭王即位后，积极向北拓展势力，并在东北设右北平、辽西、辽东三郡，这是东北地区设郡的开始。右北平郡设在平刚（今河北平泉），管辖辽宁南、河北北；辽西郡设在阳乐（今辽宁义县）；辽东郡设在襄平（今辽宁辽阳市）。三郡以下各领属县，对东北地区进行管辖，这不但有利于燕国对辖地的统治和管理，而且也开创了东北地区行政建置的先河，为郡县制在东北地区的确立打下了基础。

与此同时，中原地区也从东北吸收了许多先进的事物。例如，农作物的南传。"（齐桓公）北伐山戎，出冬葱与戎菽（菽字通假），布之天下"①，这里的"戎菽"即大豆，原产于我国东北山戎，所以有此名，可见"冬葱""戎菽"等作物就是齐桓公"北伐山戎"后从东北传播到中原的。

从上述情况中不难想见，东北历史及其政治和文化的发展，在中原深厚文化的影响下，出现了新的局面。

----

① 刘向编：《管子·戎篇》，北京燕山出版社，1995年。

第二节　发展中的东北农牧渔业

一、粗放及缓慢发展的农业

1. 东北农业发展缓慢的原因

与中原一带相比，东北的农业文明不仅起步晚，发展速度也极其缓慢，之所以如此，其主要原因有三：一是东北的渔猎自然资源供给能力强。对于古代东北人来说，食物来源基本不成问题，所以他们对农业不甚重视；二是因为人的食物需求少。古代东北地大物博，人烟却很稀少，由此决定的消耗索取也很小，人们养成"靠山吃山、靠水吃水"的习惯，凭借大自然绰绰有余的赐予，完全可以满足生存的需要；三是因为东北地带不像中原那样有农业发展的地域优势。此外，人们对肉类脂肪的需求、经年累月养成的饮食习惯、南方农业文明北上缓慢、环境闭塞、交流困难等因素，使人们长期依靠狩猎捕鱼自给自足，对以发展农业来满足生存的需求不强烈。这不仅妨碍了东北地区农业的发展，而且导致肉食比例大，饮食结构比较单一。

2. 农具及农作物品种

但是，东北地区的农业仍有缓慢的发展。1963年，在黑龙江宁安镜泊湖南端发掘的距今约4000年左右的莺歌岭下层文化遗址，具有浓厚的原始农业色彩，从遗址中出土的各种打制的石斧及板状砍伐器来看，先民们曾用之来伐树开荒。在黑龙江发现的最早的农业生产工具就是该遗址中一件完整的鹿角锄，可用来刨坑播种，这些均是当时最原始的劳动工具，证明当地主要是实行"刀耕火种"式的农业生产方式。莺歌岭上层还发现了与原始农业有关的磨制石斧、石刀、石锛、骨凿等。在距今三四千年的时候，东北原始农牧业已趋成熟和普遍，辽西小河沿文化的陶器图案中出现了方格田，表明农耕已有了精细之处。商周时期，中原地区的农业有了突飞猛进的发展，这对东北各少数民族也产生了影响，东北的农具种类开始增多："**以骨器、蚌器为主。仅蚌刀一种即多达40余件，还有少量的蚌镰，它们都是用于刈割的工具，表明当时已有农业生产活动，并有一定程度的发展。**"[①]人们还将石刀用于生产，以取代以前的蚌镰，从而提高了收割效率。

从农作物的品种来看，当时的人们"宜五谷、善田种"，种植大豆、粟、黍等（从发掘的炭化谷物如粟、黍、荏、西天谷和豆类等来看，比现代的同类颗粒要小一些，但形态特征相同）。粟即稷，泛称禾、谷。现在北方称"谷子"，去皮后称小米，是食用最多的一种谷物。有时人们将谷作为粮食作物的代称。黍，又称黄米，不仅是古代重要的粮食作物，而且在商和西周时期还是祭祀的重要祭品以及酿酒的主原料；麦的种植由来已久，诗经《周颂·思文》中有"爰采麦矣？沫之北矣"[②]之句，说明黄河流域麦田的种植面积已是相当可观。那么，与中原地带有密切接触的东北地区不可能不受到影响，麦的种植也很普遍。中国自古就栽培大豆，商朝甲骨文中有"菽"的象形文字，在《诗经》中亦有"蓺之荏菽，荏菽旆旆"的记载。可以推断我国大豆种植历史约在5000年上下，与中华文明史一致。但主要分布在黄河流域。而出土实物最早的则是在东北的吉林永吉乌拉街和黑龙江宁安大牡丹屯、牛场的距今约3000年左右的原始社会遗址，其中的吉林永吉大海猛遗址中出土的大豆炭化物，是迄今我国发现的最早栽培型（属于目前东北地区的秣食豆类型）的大豆标本，距今2600多年，其年代大约在东周至春秋时期。由于东北地区纬

---

① 谭英杰等：《黑龙江区域考古学》，中国社会科学出版社，1991年。
② 姚际恒：《诗经通论》卷四，铁琴山馆刻本，1837年。

度偏高，气候寒冷，故一般来说农业耕种是一年一熟，但从人们已有了储藏粮食的窖穴来看，农作物的产量还是比较可观的。尽管农业有了一定的发展，但人们种植的农作物品种简单，收割庄稼的工具也不外乎是简单的石刀等类，耕作方式仍是粗放的锄耕阶段，生产能力仍处于较低水平。

3．中原农业技术的传入

进入封建社会之后，中原农业的生产技术，尤其是铁制生产工具迅速传入东北的部分区域，赤峰、兴隆、建平、敖汉、奈曼、朝阳、鞍山、锦州、抚顺、旅顺、宽甸等地的战国时期遗址中均有铁制农具的出土，这些农具种类十分齐全，有斧、镬、铲、刀、镐、耙、锸、锄、镰等，在辽宁喀左羊角沟还出土了一件秦朝的铁铧。铁器的使用，增强了开荒的能力，使耕种面积不断扩大。俄罗斯学者杰烈维扬科博士的《黑龙江沿岸的部落》一书中有："铁是制作劳动工具的基本材料，用铁制作箭头、镢头、鱼钩、刀、长剑、锥、针、甲片等"的叙述，表明人们已经学会把铁器应用到农业、渔猎等生产领域。随着中原人口的迁徙，使铁制农具不仅在东北的南部地区日益普及，而且逐渐向北推广，夫余、濊貊、高句丽、鲜卑等少数民族居住区陆续开始使用铁制农具。虽然铁的普及应用在东北地区仍相对缓慢，但对于促进东北地区的农业还是起到很大作用的。先秦时期东北的原始农业已经逐渐过渡到传统农业，但仍然属于粗放式的起步阶段。当时东北的大部分地区，单单靠农业还是满足不了人们的生活需要，传统的狩猎、捕捞、采集仍旧占有较大的比重。

二、渔业生产及山野采集

东北地区鱼类及兽类资源丰富，这一优势使人们将主要精力放在狩猎、捕鱼上，这使得东北的渔业生产稳定而兴旺。

在东北地区的文化遗址中，常常能发掘出骨鱼镖、矛镞等，这证明当时的渔业生产在经济生活中占据着相当的比重。而且当时手工业的进步也为东北先民的捕捞业创造了一定条件，人们能制造出更好的鱼网、鱼叉，能编木材为筏，以渡深水之河，能用皮革制船，还能制造出韧性较强的弓箭。这些为渔业生产提供了更大的方便。

由于经久的渔业生产的经验总结，人们知道了类似"凿冰没水中而网取鱼鳖"的一些捕鱼方法，创造了"衣以鱼皮"的独特文化。人们针对东北大部分地带都处于冬季漫长、夏季短暂的气候，江面、河面结冰月份早、解冻月份晚的特点，发现了极有价值的生产规律：人们开始知道捕鱼的季节不仅仅是在夏季，即使在冬季也可以凿破冰窟，用网捕捞鱼鳖，或用矛类镞类射鱼。为了保证鱼类的供给，人们甚至还要将鱼喂养起来，并掌握了一定的喂养方法。

除此以外，东北先民还要常常依赖于山林田野的采集，以扩大食物的来源。由于东北地区土壤肥美，空气清新，盛产各种山果、山药、野蘑、山野菜等，所以人们经常采集一些野果、山货并将其制成佳肴。比如，肃慎人常常采集山野菜以添补蔬菜的不足，这种生活方式相沿成习，至今，居住在偏僻山区的各族人民仍保留着先人的习惯，每到春秋之际就到山上去采集野菜，将其制成美味佳肴。东北地区可吃的野菜有很多，例如山蕨菜（俗称猫爪子）即是野蔬中的佳品，它作为东北地区人们喜食的野菜已有2000余年的历史；榛也是东北的特产之一，味道香美，早在原始社会时期即被先民采摘为食了。

三、狩猎与畜牧业的结合

这一时期狩猎业和畜牧业在原有的基础上得到了新的发展。这一方面和东北的地理环境有关，另一方面也和人们常年的生活习惯有关。东北先民长年生活在深山老林里，在长期的狩猎过程中积累下许多捕猎常识，知道怎样根据季节、动物的习性、粪便、足迹进行狩猎，知道怎样挖陷阱、做埋伏、设网套等。久而久之，人们的生活习惯也就形成了鲜明的地域特色。

从商周之后，家畜饲养业也有了较大的发展，马牛已经广泛用于交通、耕地、军事以及使役，此时，人们学会利用草地和圈栏来饲养猪、狗、羊等。据考古发现，东北地区商周墓葬中出土的模型猪已经比较肥硕，没有野猪瘦削的形态，与后来的家猪十分接近。在家畜的饲养与放牧过程中，他们也逐渐知道如何沿着水草丰茂之地放牧牛、羊、如何判断牧场的好坏，怎样躲避恶劣的天气搭制防风的帐篷，以及如何去选择更好的山地和水源。人们还将狩猎与畜牧结合起来，将狗驯化成猎犬或牧羊犬，用之于狩猎或畜牧。在东北地区考古发掘的许多墓葬中，都发现有大量的动物骨骼，而且，古文献中所说的六畜在东北地区几乎都有饲养，说明当时东北地区畜牧业的发达。

总之，随着农业、渔猎、采集与畜牧业的发展，东北地区的食物种类不断丰富，食品来源更加广泛。而各地域部族食品来源的侧重点不同，比如狩猎、游牧民族以肉类为主，渔猎民族以水产品为主，而农耕民族则以农作物为主。

第三节　食具种类增多，酿酒技术出现

一、食具种类的不断增多

我国上古时代（夏朝以前）的炊具主要有：鼎，主要用来煮肉或腌肉；鬲，主要是用来煮颗粒类食物以及不宜直接炙烤的植物性原料；镬，主要是用来煮动物的肉；甑，主要用来蒸粒食类粮食（如粟米等）。上古时期的鼎只是一种炊具，用以煮食物，到商朝后期，鼎的功能发生了变化，不再是单纯的炊具了，而是渐渐发展成一种重要的礼器和贵族宴饮的盛食器，直至发展成为古代高级官吏吃饭时享有的特权器皿，比如青铜制成的鼎，只有贵族才能享用，所谓"钟鸣鼎食"即指进餐时鸣钟列鼎而食，这反映出古代中原贵族奢华生活的一面，如在辽宁义县的商周遗址中，就出土有青铜鼎。

伴随着夏商周时期东北食物来源的扩展，以及手工业技术的发展，尤其是春秋末期铁器的出现，使炊具、餐具以及各种食具的种类也变得丰富多样起来。

在辽宁义县花儿楼遗址的商周青铜器群中，出土了五件青铜器，有颈饰饕餮纹用以烹饪的"鼎"，有盛食物的"簋"，还有蒸煮食物的其他器皿。在

图3-1　大甸子兽面纹陶鬲（《辽宁文化通史》，曲彦斌提供）

松嫩平原一带出土了周代的钵、罐、壶、瓮、杯、鬲、纺轮、支座及仿桦皮器等，这些食具基本能够满足人们炊煮以及盛放食物、饮料的需要，有时还可用其存放杂物；在内蒙古哲里木盟的西南部发现了战国时期文化遗址，其中出土的炊煮工具多以金属器具为主，并有了炉灶（远古时代，炊间在住室的正中央，上有天窗出烟，下有篝火或火塘，人们在火上做炊，就食者围此聚食）；在吉林省西南部发现的战国时燕国文化遗址中，生活用的陶器很多，有罐、盆、钵、豆、甑、尊等。此外，东北地区出土的炊煮器皿还有鼎、鬲等，可以与底部中间有孔的甑配合使用。

从陶器的制法上看，战国时期常用的生活陶器有釜、瓮、罐、豆、钵等。釜多为羼（chàn）粗砂或云母的红褐陶，手制，火候不高，表面饰粗绳纹；瓮、罐、钵、豆多泥质灰陶，火候较高，质地坚硬，以泥条盘筑慢轮修整，罐、瓮表面多饰绳纹，豆和钵多素面。其中，"豆"是先秦时期人们用来放置食物的主要器具，多用陶或木制成。除了陶器和青铜器皿，还有一些其他质地的食具，如在辽宁省敖汉旗大甸子古墓中曾发现早期漆器实物，是两件类似觚形的薄胎朱色漆器，其年代距今约3500年，可见当时食具种类的丰富。

二、酿酒技术的出现

中国的酿酒及酒具制作的历史源远流长。20世纪80年代，考古工作者在河南舞阳贾湖新石器时代早期遗址中，从发掘出土的陶器皿里发现了距今已有9000年的酒的发酵饮料残渣。表明中国是世界上最早掌握酿酒技术的国家。殷商时，人们发现了以含淀粉的谷物为原料的"曲"和"蘗"。《周礼·天官·冢宰》载："酒政掌酒之政令，以式法授酒材。"唐代贾公彦《周礼义疏》载："酒材即米曲蘖，授与酒人，使酒人造酒。""辨五齐之名。""五齐三酒俱用秫稻曲蘖。"明代宋应星《天工开物·酒母》载："古来曲造酒，蘖造醴，后世厌醴味薄，遂至失传，则并蘖法亦亡。""曲"的发现，使谷物酿酒术产生了一次大的飞跃，"是制酒的一个转折点，我国酒的生产和制曲密不可分，而且酒的品种与质量的发展，主要就是通过曲的生产与改进来进行的"。①

酒在东北地区人们的生活中是很重要的。喝酒是他们在游牧、捕猎之余的最爱，他们甚至把酿制白酒这种技艺性较强的劳动作为高级的教育形式，一般人是不能掌握这类技能的。东北地区的各民族大致如此。他们不仅把马、牛、羊之鲜乳作为饮料，还用牛、马、羊乳酿造成酒。

---

① 文史知识编辑部：《古代礼制风俗漫谈》，中华书局，1992年。

第四章

秦汉至北朝民族变迁及饮食文化体系初创

第一节　东北地区民族的演变及与中原的交流

一、东北地区民族的演变

公元前221年，秦统一中国之后，随着中原政权的稳固和强大，东北的少数民族势力纷纷向中原政权纳贡称臣。与此同时，先秦的肃慎、濊貊、东胡三大族系逐渐演变为汉晋之际的挹娄、夫余、乌桓和鲜卑，北朝时期的勿吉、夫余和高句丽、室韦以及乌洛侯、地豆于、豆莫娄等少数民族。

1. 秦汉至北朝时期的肃慎

历史上其实许多民族的称谓并不是固定不变的，往往在不同的阶段有不同的称呼，肃慎即如此。

肃慎于战国以后改称"挹娄"，即"穴居人"之意。《后汉书·东夷传》"挹娄条"载："挹娄，古肃慎之国也。在夫余东北千余里，东滨大海，南与北沃沮接，不知其北所极。土地多山险。人形似夫余，而言语各异。有五谷、麻布，出赤玉、好貂。无君长，其邑落各有大人。处于山林之间，土气极寒，常为穴居，以深为贵，大家至接九梯。好养豕，食其肉，衣其皮。冬以豕膏涂身，厚数分，以御风寒。夏则裸袒，以尺布蔽其前后。其人臭秽不洁，作厕于中，圜之而居。自汉兴以后，臣属夫余。种众虽少，而多勇力，处山险，又善射，发能入人目。弓长四尺，力如弩。矢用楛，长一尺八寸，青石为镞，镞皆施毒，中人即死。便乘船，好寇盗，邻国畏患，而卒不能服。东夷夫余饮食类皆用俎豆，唯挹娄独无，法俗最无纲纪。"从文献中判断，挹娄势力范围南至长白山，与高句丽相接；北至松花江、黑龙江、乌苏里江汇流处；东至日本海；西至张广才岭，与夫余相接。汉时曾隶属于夫余。作为"古肃慎之国"后裔的挹娄人，到东汉之前，农业有了较大的发展，成为整个经济生活的基础部分。狩猎及捕捞生产在原来的基础上亦有了新的提高。汉魏之际，挹娄诸部的人口约数万人，并逐渐过渡到了文明时代。

东晋时期，肃慎称为"勿吉"。"勿吉"之名始见于北齐魏收所撰《魏书·勿吉传》，意为"林中人"或"森林中的民族"。《魏书》云："勿吉国，在高句丽北，旧肃慎国也。邑落各自有长，不相总一。其劲悍，于东夷最强。言语独异。常轻豆莫娄等国，诸国亦患之。"勿吉人自十六国时期以来，成为东北地区一支强大的势力，"其人劲悍，于东夷最强。"他们不断向外扩张，并在发展的过程中，积极发展同中原政权的关系，多次遣使朝贡，密切经济、文化关系，这对促进勿吉社会的进步和经济发展有重大意义。在三江平原各地发现的数百处汉晋北朝时期的挹娄-勿吉的遗址中，发现他们已步入农业定居生活，农业生产进入铁器阶段，大致符合《魏书》的记载："其国无牛，有车马，佃则偶耕，车则步推，有粟及麦穄（jì），菜则有葵，水气碱凝，盐生树上，亦有盐池。多猪无羊。嚼米酝酒，饮能至醉。妇人则布裙，男子猪犬皮裘。"粮食产量丰厚，出现了麦以及形状似黍、但子实不黏的穄等新作物，并且已有多余粮食用来酿酒，畜牧业依然十分发达。同时，狩猎经济仍占很大比重，人们使用铁镞，淬以毒药，"射禽兽，中者便死，煮药毒气亦能杀人"；除此之外，渔猎业也很发达，勿吉人不但能在内陆江河湖沼中捕鱼，还能远涉日本海进行捕鱼活动。另外，手工业水平也有所提高，尤其是造船技术，船只坚固，使得人们能够航行到远海水域进行捕鱼作业。到5世纪末，即中原的北魏时期，远在东北的勿吉人对该地的开发已大大超过以前的挹娄时代。

2. 秦汉至北朝时期的濊貊

濊貊是若干民族的复合体，主要居住在东北及朝鲜北部地区。到汉代，濊貊族逐渐发展为许多个较大的民族共同体，一般认为，最早从濊貊族系中孕育出的民族是夫余。夫余与濊貊之间有着十分密切的联系，史载："今夫余库有玉璧、珪、瓒数代之物，传世以为宝，耆老言先代之所赐也，其印文言'濊王之印'，国有故城名濊城，盖本濊貊之地，而夫余王其中，自谓'亡人'。"①夫余既有濊王之印，故又有记载称"夫余国……本濊地也。"②可见夫余与濊貊乃为一脉相承。

夫余大致位于松嫩平原南部、东北的中部。"夫余，在长城之北，去玄菟千里，南与高句丽、东与挹娄、西与鲜卑接，北有弱水，方可二千里。户八万，其民土著，有宫室、仓库、牢狱。多山陵、广泽，于东夷之域最平敞。土地宜五谷，不生五果。其人粗大，性强勇谨厚，不寇钞。国有君王，皆以六畜名官，有马加、牛加、猪加、狗加、大使、大使者、使者。"③"大体上东到张广才岭，南到今辽宁开原及浑河和辉发河上游分水岭一带，西到吉林省

---

① 陈寿：《三国志·魏书·乌丸鲜卑东夷传》，中华书局，1982年。
② 范晔：《后汉书·东夷传》，中华书局，1965年。
③ 陈寿：《三国志·魏书·乌丸鲜卑东夷传》，中华书局，1982年。

白城至辽宁省昌图一线，北到嫩江下游东流段及东流松花江流域。"①这片领域中的肥沃土地比较适于农耕，加之铁制农具如镰、镬、锸、锄等的使用，使其农业生产技术水平有了相当程度的提高，使之成为东北少数民族中农业最发达的地区。农事品种也较前大为丰富，《三国志》有明确的记载："于东夷之域，最为平敞，土宜五谷。"从已发掘的夫余早期遗址来看，人们已住进木结构的半地穴式房屋，反映出生活方式已趋向定居，而定居的生活方式反映了农业生产已在其经济生活中逐渐占据主导地位。因农业得以发展故而保证了人们生活的稳定性，加速了人口繁殖。两汉之际，松嫩平原及大兴安岭以东的夫余人至少也已达到了10万人左右，其风俗能歌善舞，尤其是祭天时，要举行盛大集会，连日饮食歌舞，名曰"迎鼓"。

在夫余的文化遗址中发现了大量生活用具，其中以陶器最多，有鬲、壶、罐、钵、碗、支座和少量的舟形器，"从陶器上篦点纹组成的回纹、蝉纹图案来看，是接受了中原黄河下游商周青铜文化的影响。作为典型器物的直口、

图4-1 赤峰市喀拉沁旗架子山夏家店下层文化遗址群（《辽宁文化通史》，曲彦斌提供）

① 魏国忠：《东北民族史研究》，中州古籍出版社，1994年。

筒腹大袋足的鬲与西周至东周初的夏家店上层文化的同类鬲甚为相似。可见夫余先世的文化深受中原文化影响"。[1]另外，在一些遗址中亦发现夫余早期文化中出现了铁器，表明战国至西汉初期的夫余族已由青铜时代步入铁器时代。尽管数量不多，但这毕竟意味着社会生产力已有了飞跃的发展。他们使用的铁农具如镰、镢、锸、锄等与中原使用的农具相同，显然是受到了中原文化的影响。

两汉时代的夫余是东北较为先进的民族，在汉魏时期，夫余已归属于中原政权管辖，直至晋代"其国殷富，自先世以来，未尝被破"[2]。

夫余在东北地区与诸多民族建立了多方面的联系，特别是与高句丽的关系较为密切，双方在经济、文化方面的交流都较多，但后来却处于对峙状态。鲜卑诸部曾屡向夫余进攻，夫余逐渐走向衰落。北魏时，夫余曾遣使向其朝贡，确立了政治上的臣属关系，但因长期内乱和外患，夫余国渐渐陷入分崩离析的状态。公元494年，勿吉人向夫余发起大规模进攻，尽占夫余故地，夫余国亡。灭亡前数以万计的夫余人逃往高句丽和鲜卑。同时，另外一支夫余人向南发展，聚居在夫余东南鸭绿江流域的山地，历史上称之为"沃沮人"。然而，关于沃沮人的史料记载很少，《后汉书·东夷传》载他们所居之地"宜五谷、善田种"，日常器皿是"瓦鬲"，谷"米"为常食，"饮食类皆用俎豆"，生产力已经达到一定的水平。

3. 秦汉至北朝时期的东胡

西辽河以北是古代东胡人居住、游牧之地，直到公元前206年匈奴单于冒

---

① 李殿福:《东北考古研究》，中州古籍出版社，1994年。
② 房玄龄等:《晋书·四夷传·夫余国》，中华书局，1974年。

60

顿打败东胡后解体，从此东胡在历史上消失。之后，东胡各部又在一定历史条件下结成不同的群体，如乌桓族、鲜卑族等，继续在这一带生活。

乌桓，又写作乌兰、乌丸，是东胡族的一支，在汉初以来，活动在今西拉木伦河以北的乌桓山一带。乌桓是游牧民族，以游牧狩猎为生，逐水草而居，以穹庐为屋。《后汉书·乌桓鲜卑列传》中记载，"俗善骑射，弋猎禽兽为事，随水草放牧，居无常处。"饮食以马、牛、羊肉居多，逐渐形成"食肉饮酪"的饮食习俗。西汉时期，乌桓部落中自"大人以下，各自畜牧营产，不相徭役"，还未出现明显的阶级分化。库伦旗曾出土一方"骑部曲督"印，说明东汉朝廷曾对这里进行了有效的管辖。但乌桓常与匈奴、鲜卑相联结，骚扰中原政权的北部边境各郡，"光武初，乌桓与匈奴连兵为寇，代郡以东尤被其害。居止近塞，朝发穹庐，暮至城郭，五郡民庶，家受其辜，至于郡县损坏，百姓流亡"。

鲜卑亦为东胡的后裔，其名称出现在西汉，《朔方备乘·鲜卑传》卷三十一载："《史记集解》引服虔曰：'山戎、北狄，盖今鲜卑也'……鲜卑音转为锡泊，亦作席北，今黑龙江南，吉林之西北境，有锡泊部落，即鲜卑遗民。"这里所指"吉林西北境"指今白城地区的西部，包括科尔沁右翼中旗和扎鲁特旗等地。

鲜卑与乌桓虽同出东胡，但在历史上鲜卑的影响要远远大于乌桓。鲜卑拓跋部先世居于嫩江西北的大兴安岭地区，《魏书》曰其远祖"统幽都之北，广漠之野，畜牧迁徙，射猎为业"，由"三十六个游牧狩猎部落结成部落联盟"[1]，后来逐渐南迁至今辽东一带，并一反前世匈奴频频抄掠边境汉民的做

---

① 翦伯赞主编：《中国史纲要》，人民出版社，1983年。

法，采取与中原政权和亲的长久之计，同汉人的往来越来越多。拓跋鲜卑以游牧、捕猎为主要生产方式，早期过着"畜牧迁徙"的游牧生活，同时"兼营渔猎"，主要猎取对象是野猪、野鹿、野羊、兔、鼠、飞禽以及鱼类，故鲜卑族以肉食为主，其来源于野生动物，并以其乳为主要饮料。除此之外，他们将捕捉来的动物进行驯化饲养，从而进一步保证食物的来源，后因"鲜卑众日多，田畜射猎，不足给食"，故又"捕鱼以助粮"。①鲜卑慕容部原居鲜卑山，后迁居饶乐水（西拉木伦河），以后又逐渐南下，迁到今辽宁锦州，从事农桑和畜牧。到十六国时期相继建立了以慕容鲜卑为主体的少数民族政权。

室韦也是东胡的后裔，其名称最早见于《魏书·帝记·孝静记》，室韦之意为"森林"或"树丛"。尽管其族源可能是多元的，既有夫余、濊貊的成分，也融入肃慎族系的因素，但其主体部分应是东胡族系鲜卑人的后代，他们与拓跋鲜卑有着密切的渊源，不仅在生产、生活方式方面大同小异，而且在风俗习惯上也颇为相似。室韦族主要分布在今嫩江流域和黑龙江南北两岸，生产内容主要是放牧、捕鱼、农耕、打猎。最初的农业是非常原始的，尽管人们已经发现了铁，但在很长的一段时间内并未能将铁制作成农具，而仍是用自制的木犁耕地；而且人们最初种粮食的目的只是为了饲养猪、牛、羊、马等家畜，后来才逐渐认识到人也可以食用五谷，农业才发展起来。他们利用"多猎牛""多貂"的优势，"夏则城居，冬逐水草，亦多貂皮"，《北史》载：室韦"射猎为务，食肉衣皮，凿冰没水中而网取鱼鳖"。《魏书》载其生活特点是"唯食猪鱼，养牛马"，除了猪、马、牛、羊等系列家畜外，还有鱼类及乳制品，并且还把剩余的粮食酿制成酒，"有曲酿酒"，饮食器具是"用俎

---

① 陈寿：《三国志·魏书·乌丸鲜卑东夷传》，中华书局，1982年。

豆"①, 可见室韦人的饮食文化还是比较丰富的。到五六世纪, 室韦同中原政权建立了贡属关系。公元544年, 室韦人开始向东魏政权进贡, 以后一再遣使朝贡中原政权, 从而大大加快了室韦社会的文明进程。

二、中原政权对东北少数民族的影响

自燕国、秦在东北设置辽西、辽东二郡以来, 汉人逐渐北移。至秦汉时代, 在辽西、辽东二郡内汉人的比重愈来愈大。因此在辽西、辽东二郡内, 其物质文化特征突出地反映了高度发达的汉文化, 这种汉文化对整个东北民族文化的融合和发展, 都起到极大的推动作用。②西汉时, 汉政权继续加强对东北地区的管理, 促进了东北地区和中原地区的政治、经济、文化交流。公元前119年, 汉武帝曾派兵打败匈奴, 将乌桓人从匈奴的压迫下解脱出来, 接受汉朝的管辖。自此, 乌桓与中原的经济文化交往日趋密切, 社会经济得到恢复和发展。东汉末年, 公孙度为辽东太守, 数次对外征战, 东击高句丽, 西击乌桓, 基本统辖了东北各族。三国时期, 曹操陆续平定三郡乌桓, 占有辽河以西, 势力范围进入今牡丹江市南部一带的肃慎（挹娄）南境, 并进而控制和监护夫余、挹娄、鲜卑在内的东北各族, 对当地的历史发展产生重大影响。到了西晋以后, 司马氏进一步将今大兴安岭一带同中原地区连成一体, 故有"诸夷震惧, 各献方物"③的场景。可见, 汉族对东北文化的影响是毋庸置疑的。东北各族和汉族共同推进了东北地区的社会发展和提高, 使这一区

---

① 魏收:《魏书·室韦传》, 中华书局, 1974年。
② 李殿福:《东北考古研究》, 中州古籍出版社, 1994年。
③ 魏收:《魏书·库莫奚传》, 中华书局, 1974年。

域得到良好的开发，社会生产力有了大的提高，民族之间出现融合的趋势。

第二节　经济发展与饮食生活的时代特征

一、多种经济形态并存

1. 农业有发展，未占主导地位

中原统一的秦汉封建王朝建立后，与东北区域的联系也频繁起来。秦汉时中原的汉人曾大量迁移到东北地区，把先进的农业技术带到了东北，使东北粗放的农耕方式有所改进，旱地农业技术臻于成熟。不仅加快了农耕民族和游牧民族的融合，也使游牧民族的食物中增加了谷物等农作物成分，形成肉食为主、植物性食物为辅的饮食结构。

秦汉时期的铁制农具在辽、吉、黑三省均有考古发现，尤其是在汉朝郡

图4-2　战国和汉代的铁器，辽宁抚顺莲花堡出土（《辽宁文化通史》，曲彦斌提供）

县所辖的东北区域里，出土了许多铁制农业生产工具，"铁使更大面积的农田耕作，开垦广阔的森林地区成为可能"①。汉代的铁制农具比战国的铁制农具有显著的改进，汉朝49处铁官之一就有辽东郡平郭县的铁官，铁农具包括从耕种到收割的全部工具，铁制农具的使用既扩大了农田的垦殖和规模，也提高了农业生产效率。从东北地区出土的汉代铁制农业生产工具来看，分工很细，已经具备了整套的用于各种工作程序的专门工具，有的农具可以精细到有几种类型，如铁铧就分为大、中、小三种类型，这说明当时农业生产有了很大的发展。中原发明的耧车在东北部分地区也有使用，促使耕作技术有了进一步的提高。人们还掌握了一些农耕时令的常识，如乌桓族"耕种常用布谷鸣为候"②；东汉崔寔《政论》："今辽东耕犁，辕长四尺，回转相妨，既用两牛，两人牵之，一人将耕，一人下种，二人挽耧。凡用二牛六人，一日才种二十五亩。"③可见，东汉时东北地区还出现了牛耕。在北魏时期，东北地区耕、耙、耱相结合的技术体系已经形成。生产工具和农业技术的进步，提升了农作物的产量，扩大了食物的来源。

从农作物的种类来看，当时已有"粟及麦、穄"④等耐旱作物，以及文献中未有记载但在辽宁辽阳考古发掘中发现的汉代高粱。有学者推测，《齐民要术》中的"高丈余，子如小豆，出粟特国"的"大禾"，可能指的就是高粱。"黍"和"稷"属于一类，二者子粒比粟略大，呈鲜黄色；从品质角度分析，黍米有黏性，稷米无黏性，但是黍、稷的种植条件和粟几乎完全相同，对生荒地的适应能力很强，所以在社会稳定和战后恢复生产时期，人们首选黍稷种植，且

① 恩格斯：《家庭、私有制和国家的起源》，《马克思恩格斯选集》第21卷，人民出版社，1995年。
② 陈寿：《三国志·魏书·乌丸鲜卑东夷传》，中华书局，1982年。
③ 崔寔：《四民月令·政论》，中华书局，1965年。
④ 魏收：《魏书·勿吉传》，中华书局，1974年。

分布广泛，比重很大。除此之外，大豆也是这一时期的重要食粮，成为人们日常饮食不可或缺的一部分。

尽管汉代的东北已具备了打制一整套铁制农具的能力，以及较高的生产技术水平，但直到南北朝时依然属于粗放农业经营。这主要是因为许多民族还居处东北高寒地区，农业发展受到限制，以致在社会经济中依然不占主导地位。有些民族如从夫余王国分裂出来的乌洛侯还没有进入农耕定居生活的阶段，"冬则穿地为室，夏则随原阜畜牧。多豕，有谷麦"[1]。西部大兴安岭山林中的室韦部落除了南部之地有少量粗放农业外，其余各部都以畜牧业为主，食物也大多是肉类。南室韦诸部还未能将铁用于农具，仅能自制木犁，以之耕地，种植粟、麦和穄子，"颇有粟、麦及穄，唯食猪、鱼，养牛、马，俗又无羊"[2]。

另外，粗放式农业经营模式不仅落后，且极不平衡，并且时常受到政治军事环境的影响，北方胡族的侵袭，使农耕方式更加受到限制。特别是南匈奴入居塞内，迫使东北地区的少数民族向北迁移，已开垦的土地被抛荒，地区的农业生产渐次萎缩，从而始终无法改变这一历史时期以肉食为主，粮食为辅的基本状况。

2. 发达的渔业体系

从大量考古发掘出的渔猎工具判断，渔猎在当时社会经济中占有重要地位，且渐成独立体系。有些民族还保留有许多有关渔猎活动的美丽神话传说，如"鱼鳖浮为桥，东明得渡，鱼鳖解散，追兵不得渡，因都王夫余，故北夷

---

[1] 魏收：《魏书·乌落侯传》，中华书局，1974年。
[2] 魏收：《魏书·室韦传》，中华书局，1974年。

有夫余国焉"①。这给渔猎活动蒙上了一层神秘色彩，亦说明古代东北少数民族较普遍地以渔猎来补充肉食的状况。秦汉后，东北地区少数民族的手工业发展很快，他们的弓箭、鱼网、鱼叉的制作技艺高超，舟船的制造尤为突出。古代东北各民族已经知道充分使用水上交通工具，他们"渡水则束薪为筏"②；继编木为筏之后，人们又"刳木为舟"，即将整块的木头中段挖空，做成独木舟，并"刻木为楫"，配之以桨；同时还使用兽筋缝合而成的桦树皮制成桦皮船"用之以渡"，进行渔业生产；船有大小之分，且质地坚固，可以到远海水域进行捕鱼作业。舟船的制造大大提高了捕鱼的产量，从而大大丰富了食物的来源。

3. 狩猎业与畜牧业的发展

特殊的生态环境决定了特殊的生产方式，培育了东北人进取的精神。"他们或者翻越崇山峻岭，穿行森林丛莽、驰骋草地荒原弯弓射猎；或者游戏长河、搏击大海捕捞；或者'随草畜牧而转移'，放牧以万千计数的羊、牛、马、骆驼等畜群；狂涛巨浪无所惧，长风暴雪视等闲，养成了强悍的体魄和勇武精神。他们每天都要杀生，都要同挣扎奔窜的动物，甚至凶残的野兽搏斗，流血和死亡是极其平凡的事。寒冷和强体力劳动需要他们摄取大量肉食以获得高能量，从而使自己成为比仅以粮蔬为食的果腹农民高近乎一个营养级。"③从文化遗址中出土的大量猪、牛、狗、马骨骼来看，许多民族都利用地缘优势发展畜牧经济，使其在原有的基础上得到新的发展。

一般来说，肉食的来源除狩猎的禽兽和渔捞的鱼类外，大部分来自畜牧业

---

① 王充：《论衡·吉验篇》，上海人民出版社，1974年。
② 李延寿：《北史·室韦传》，中华书局，1974年。
③ 赵荣光：《中国饮食文化研究》，（香港）东方美食出版社，2003年。

的牛、羊、马、骆驼等大型牲畜，也来自饲养的家畜如猪、狗，以及饲养的家禽如鹅、鸭、鸡等，狩猎业与畜牧业是当时东北少数民族的主要生计方式。

二、北方饮食文化体系的初创

"自然地理、经济地理、文化地理、历史地理，甚至政治地理，等等，人类既往的活动和现实的生存，人类的任何一种文化的存在都必须有一定的地理依存。"① 而"一定地域和一个民族的风俗习惯，是该地方和民族文化的重要组成部分，她最能体现这个地方和民族的生活方式及特点，是透视民族心理素质和性格特点的窗口"②。所以我们说文化是"一方人"为适应在"一方水土"中的"生活的样法"③，也正因如此，造就了血缘、民族、生活习惯、宗教信仰等不同，从而使得人们适应生活的方式也不同。反映在饮食上就是在历史时空中形成具有一定地域特色的饮食文化，东北地区的饮食文化体系就是这样初步创建的。生态系统中地理位置、气候条件、文化生产、地缘冲突、民族变迁等都可促成食文化体系的形成，东北地区能够形成独具东北特色的食文化体系，这既有"靠山吃山，靠海吃海"自然因素的决定作用，也有"食、色，性也"人类社会因素的决定作用。

1. 调料日趋丰富，烹调技艺进步

从人类懂得用火熟食以来，烹饪术就随之萌芽。《古史考》中说轩辕氏黄帝教百姓"蒸谷为饭""烹谷为粥"，可见已掌握了利用水蒸气获取熟食的烹饪

---

① 赵荣光：《中国饮食文化研究》，（香港）东方美食出版社，2003年。
② 波少布主编：《黑龙江民族历史与文化》，中央民族学院出版社，1993年。
③ 梁漱溟：《东西文化及其哲学》，商务印书馆，2003年。

方式。另，屈原《天问》提及："彭铿斟雉，帝何飨？"东汉王逸《注》云："彭铿，彭祖，好和滋味，善斟雉羹，能事帝尧。"综上所述可知，早在上古时期，我国就已经出现初级的烹饪技术，已具备烧、烤、蒸、煮等烹饪技法。

秦汉后的调味品渐趋丰富，其中东北地区占主导地位的是咸味调味品，特别是豆酱。早在汉代，人们就已懂得用豆和麦面加盐制成豆酱，进食每以酱佐餐，由于酱经过了一段发酵期，"酱成于盐而咸于盐，夫物之变，有时而重"[1]。东北食豆风俗原本就比中原盛行，制豆成酱的技术以及用酱烹调的方法也比其他地区精细许多。到南北朝时，人们已经积累了丰富的作醋经验，掌握了丰富的发酵工艺，作醋的原料非常广泛，一般含淀粉类的粮食谷物都可以，如粟米、大豆、小豆、小米等。醋作为调味品有很多妙用，可去腥臊、开脾胃、去油腻、增食欲，既可单独成味，又可配合其他调味品一齐使用。

最初，在畜牧业不发达的情况下，狩猎所得是东北先人主要的食物来源，于是逐渐产生了对某一种兽肉的情有独钟，并发明了许多独特的吃法。比如有的民族偏爱吃狍子肉，有的偏好鹿肉、野猪肉，肉的烹调方法也很多，或焖炖、或烧烤、或水煮，其中流行于秦汉时期的烤制方法是"炙"法。当时在东北地区最为有名的就是"貊炙"，即"全体（即整只的）炙之，各自以刀割，出于胡貊之为也。"[2]随着人们在食物制作方面的经验积累日益丰富和成熟，东北地区的人们逐渐学会了将肉晒制成干，以备食物缺乏时食用。

秦汉时期有大量的铜、铁食器出土，并且在种类、数量、质量上都优于战国时期，这些金属炊具的应用，大大缩短了炊煮时间，且使用更加方便。

① 应邵：《风俗通义》，湖北崇文书局刻本，1875年。

② 刘熙：《释名·释饮食》，吉林出版集团，2005年。

2. 食品地域风味特征开始形成

中国食物烹饪方式的地方差异、风味差异的形成时间可追溯到先秦时代。早在《黄帝内经》中就有记载："东方之域，天地之所始生也，鱼盐之地，海滨傍水。其民食鱼而嗜咸。""西方者，金玉之域，沙石之处，天地之所收引也。其民陵居而多风，水土刚强，其民不衣而褐荐，其民华实而脂肥。""北方者，天地所闭藏之域也，其地高陵居，风寒冰冽。其民乐野处而乳食。""南方者，天地所长养，阳之所盛处也，其地下，水土弱，雾露之所聚也，故其民嗜酸而食胕（fū）。"由于地域、宗教、民族、生活习惯等原因的影响，会形成不同风格的饮食文化区域性类型，"东北地区饮食文化圈，是在漫长的历史上逐渐形成的中华民族饮食文化圈中的风格特异性极强的子文化区位类型。作为历史上客观存在的饮食文化区位类型，东北地区饮食文化圈的文化地理区域包括的是今日辽宁、吉林、黑龙江三省和内蒙古东部等的广大地区。一般来说，某种风格或类型的饮食文化都有相应的原壤性——文化的原生地域属性——地域附着。"[1]"饮食文化的地域差异是明显的，一般来说，饮食文化比人类其他特质文化受制于地域的因素要明显得多"[2]。

影响东北饮食文化圈形成的因素很多，首先是地理因素。东北先民，在天寒地冻的长期生活中，学会了充分利用东北地区地理的特点，创造出具有东北特色的饮食文化。"自然选择保证最适者得以生存，指的是在某地和某种条件下最适于生存的人，气候、营养以及对疾病的抵抗力是最重要的因素"[3]。常年生活在茫茫林海之中的人们不是把精力放在粮食耕种上，而是以追逐捕猎獐、狍、鹿、野猪等野兽来满足生存的需要，人们的饮食习惯逐渐基于此

① 赵荣光：《中国饮食文化研究》，（香港）东方美食出版社，2003年。

② 赵荣光：《中国饮食文化研究》，（香港）东方美食出版社，2003年。

③ L. L. 卡瓦利·斯福扎、F. 卡瓦利·斯福扎：《人类的大迁徙》，科学出版社，1998年。

而形成，反映在饮食方面，就是进一步促进它的固有地域风味。这不仅发展了人们对肉类、鱼类的烹制技术，而且还发展了东北古代民族与众不同的饮食结构，能够烹制出多种主食，在肉食和菜类等副食方面的烹调花样也与日翻新，味道独具东北特色。

其次是自然因素。由于东北地区特有的生态环境及与之相适应的物产，东北地区的居民，在漫长的历史过程中都是以肉食为主，谷蔬为辅。"这种特点最少是维持到了19世纪末叶，这里的土著居民如满族、蒙族、达斡尔族、鄂伦春族、鄂温克族、锡伯族、赫哲族、吉里族、苦夷族等基本如此。"[1]东北地区几乎囊尽黄河流域所有的谷物品种，可以说"五谷杂粮"齐全。由于东北地域干旱，比较适合耐旱的粟、麦等作物的生长，稻米则不可多得。人们往往把麦磨成面粉，做成各种干粮，或用粟、穄蒸饭吃，在东北偏南的区域如辽宁、河北北部等地，麦、粟、菽、芋、高粱、荞麦、小豆等是居民的主食类食品。这些五谷杂粮使人们的食物内容更加丰富，营养结构更加合理。

3. 炊餐用具不断完善

秦汉时期的东北地区已形成了多种材质炊餐用具共用的阶段，有普遍使用的陶器，也有独具地域特色的皮具、兽角制品，以及金属和玻璃器具等。

1965年，在今辽宁北票发现了北燕太祖天王冯跋之弟冯素弗之墓，该墓出土了玻璃质地的杯子，该玻璃杯高8.8厘米，口径9.3厘米，体现出人们饮食审美观念的逐渐完善。

陶器在饮食器具中占有重要的地位，陶器的种类、造型、纹饰在各阶段皆有不同。吉林省西南部出土的秦至西汉前期的陶器质地单一，多为轮制制

---

[1] 赵荣光:《中国饮食文化研究》,（香港）东方美食出版社，2003年。

图4-3　前燕釉陶羊尊，辽宁北票喇嘛洞出土（《辽宁文化通史》，曲彦斌提供）

图4-4　北燕圆底提梁铜壶，辽宁北票冯素弗墓出土（《辽宁文化通史》，曲彦斌提供）

法，器形有双耳壶、钵、豆、瓮、釜等；汉代的陶器文化较发达，有泥质灰陶的罐、盆、瓮、钵、豆，轮制，质地坚硬，表面多饰细绳纹；夫余人"喜饮酒歌舞，或冠弁衣锦，器用俎豆"①，出土的夫余陶器造型精致，上有细密篦点组成的羊纹、草地、圈栏等精美的图案，反映出夫余先世具有较高的审美意识，也反映出两汉时代东北汉人高水平的制陶技术。最晚到了两汉时代，东北许多地方已进入铁器（早期）时代，铜铁等金属器皿的应用也日渐增多。秦汉之际，饮食用具中的木器使用比例渐渐增大，形成了多种材质的炊餐用具同时使用。汉代，人们普遍用筷子吃饭，对筷子的制作也讲究起来。酒具制作也有新意，东北游牧民族就地取材，用皮草、兽角制成酒具。

　　此外，在秦汉以后的厨房设施中，人们注意到灶的排烟与隔烟设施的使用，并注意到水井的卫生。

---

① 范晔：《后汉书·东夷传》，中华书局，1965年。

4. "医食同源，药食一如"的养生之道

"医食同源"在我国不但有悠久的历史，而且有充分的理论根据。早在遥远的古代，人们就已经注意到一些动物、植物或矿物质具有治疗疾病的功效，医药学的最初萌芽就是源于原始人类的饮食生活。《淮南子·修务训》中有"古者，民茹草饮水，采树木之实，食赢蟹（luǒlóng）之肉。时多疾病毒伤之害，于是神农乃始教民播种五谷，相土地宜，燥湿肥硗高下，尝百草之滋味，水泉之甘苦，令民知所避就。当此之时，一日而遇七十毒。"之语，即反映人类最初开辟食源时的艰苦探索，也反映出当时已有了"药食一如"的萌芽。

在中国几千年的历史中，人们的饮食与农学、本草学结下了不解之缘，历史上"本草"中的药物，大多是人们正在吃着的食物；而人们的一些食物，又有许多被"本草"家视为药物，抑或认为其具有某种药性。东北地区的先民亦是如此，他们在以饮食解渴充饥的同时，还把食物作为药物用以防治疾病、养生保健，以饮食追求延年益寿。

早期的东北民族常常是依靠采集野生植物的根、茎、叶、果实来获得食物，从而认识到许多植物的药性。如干果类的榛子、栗子是东北的特产，对人体有不小的食疗补益作用。又如葱、姜，人们不仅将其作为调味品，还将其入药，以求"姜驱寒""葱理气"之效。韭，系百合科葱属多年生草本宿根植物，素有通便功效。韭原产于中国。秦汉后，人们认为韭是对人体极有好处的食物，是"百草之王"，认为韭采天地阴阳之气，"草千岁者惟韭"，食之可以使人目力清晰，听觉灵敏，春季食用可"苛疾不昌，筋骨益强"①。东北地区韭的种植十分广泛，部分地区甚至以官方名义让百姓每户种"一畦韭"。在长期的畜牧生活中，人们还渐渐认识到牛、狗等牲畜的一些器官可以入药医

---

① 本书整理小组编：《马王堆汉墓帛书（肆）》，文物出版社，1985年。

病，且效果显著，这在后世的本草书中都有记载。

东北地区的马奶酒又称酸马奶，味道醇香酣烈，在古代就被认为是"性冷，味甘，止渴，治热"的良药，由于它的保健和医疗价值显著，故一直沿用至今。

这种医食同源、药食一如、以饮食防治疾病的理论，对人们的日常生活产生了极大的影响，是中国饮食文化中的宝贵思想。

三、与中原饮食文化的关系

纵观东北地区历史不难看出，千百年来东北先民与中原文化都有着密切联系，并且一直延续下来。尽管分布在不同时代、不同类型的历史文物有着各自不同的内涵，但始终贯穿着一条鲜明的线索，即东北地区与中原地区的文化有着不可分割的血肉联系，这种联系反映在饮食方面，就是东北区域饮食文明与中原饮食文明在互促互动的过程中，形成了独特的东北地区饮食文化。

东北的游牧渔猎文化与中原的农耕文化很早就在民间有往来交流，春秋战国时期，中国出现了有记载的第一次古代民族的大融合，推动了中原农耕文化在东北的传播，中原政权旨在获得边境的安定，避免周边民族的入境掠夺，这在客观上促进了中原与周边地区在政治、经济、思想文化上的交流，对东北区域文化产生了积极的影响。

魏晋南北朝是继春秋战国之后，我国历史上出现的第二次民族大迁徙、民族大融合阶段。在这一阶段中，有部分东北地区的少数民族陆续向南迁徙，在激烈的民族斗争中顽强地生存下来，并且学习到很多汉族先进的文化和技术。"魏晋以来北方各族的移动，加速了各族社会的变化，各族部落愈是远离自己原来的住地而进入汉人地区，它们的成员就愈是容易脱离部落羁绊，以至于成为耕种小块土地的封建农民。各族人民由游牧转向定居农耕，是民族进步的重要表现。"①内迁的北方民族日益汉化，同时迁居到东北地区的汉族也不断与当地的少数民族融合。其中也包含了饮食文化方面的内容。

受地理条件以及历史条件的限制，东北大多区域少数民族的农业发展都比较缓慢，但由于一些地区受社会环境的影响逐渐南迁，随着环境的改善以及同中原联系的日益密切，使他们原本落后的农业经济迅速发展起来，尤其是一些建立政权的民族。例如汉时农业极为落后的鲜卑族，在西迁后，很快就把汉族的"精金良铁，皆为所有"，从而大大地发展了自己民族的铁制农具，加快了农业发展的步伐。与此同时，由于中原连年战争，大批汉人也进入东北，魏晋时期，很多汉族农民竞相从中原地带逃往辽东，如鲜卑建立前燕后就曾把由内地逃来的十万户流民安置在辽河西部地区屯种，由此使迁来的流民给东北地区带来了丰富的农业生产技术经验。

随着民族大融合的进一步深入，东北各族在生产工具、农耕技术、农作物品种等方面，均不断从邻近的先进民族、尤其是从中原汉族中大量引进，并将之用于本民族的农业生产中，结合本民族的特点进行发展和创造。从吉林西南部燕北长城以南的古城里发现的燕、秦、汉时代的铁制生产工具可以看出，当时东北地区的生产与发展是深受中原地带影响的，"中原的先进文化是通过辽西、辽东二郡传入二郡以北的广大地区，因此在吉林省西南部发现燕、秦、汉文化意义重大，它起到了中原先进文化向北传播的枢纽作用。"②魏晋南北朝时期是一个人口大迁徙、民族大融合的时代，"随着各区域间封闭性渐趋打破过程的缓慢展开，各区域文化在封闭状态下长期形成的纯乡土和

① 翦伯赞主编：《中国史纲要》，人民出版社，1983年。
② 李殿福：《东北考古研究》，中州古籍出版社，1994年。

原始属性，在不断拓宽、加强和日趋频繁的交流过程中加快了传播和扬弃节奏。"①不同民族、不同地区、不同国家之间在饮食文化方面的交流、借鉴和影响，促进了饮食文化的迅速发展。东北人口南移的直接结果就是使一些生产作物在南方得到广泛种植，并随着时间的推移而得到南方人民的认可，深入人们的日常生活之中，从而在一定程度上调整了南方居民的饮食结构，甚至对他们的饮食习惯也有部分的改变。东北地区与中原地带的饮食文化在食物原料、饮食器具和饮食方式方面，都有了普遍而经常性的交流：某些少数民族的食物传入中原后，逐渐渗入汉族饮食文化圈子，如"貊炙"，渐次成为中原汉人喜爱的食物。

在饮食内容上，东北特色饮食对中原影响颇大，东北的游牧民族进入中原后，带来了畜牧技术和食肉习惯，促进了北方农业区养羊业的发展，还出现了一些优质羊种。在饮食器具方面，中原地带对东北的影响要大一些，许多饮食器具都是从内地中心向边缘地区输出的，如炊具中的锅、甑，饮器中的碗、杯等。在吉林集安地区曾出土大批魏晋南北朝时期来自中原地区的高句丽文物，如四耳陶壶、随葬陶灶等；辽宁北票冯素弗墓出土北燕时期的玉盏、铜提梁鍑也应来自内地。在东北普遍发现的鼎、鬲等器物，表明东北先民与中原地区在经济、文化方面有着频繁交往和密切联系。

总之，"不论中原政权鹿归谁手，不论内地是统一还是割据，东北地区都同内地始终保持着紧密频繁的经济、文化、政治联系，并一直深受中原文化的影响，当然与此同时是她对中原及周边地区的影响。"②饮食文化方面也是如此。

① 赵荣光：《赵荣光食文化论集》，黑龙江人民出版社，1995年。
② 赵荣光：《历史演进视野下的东北菜品文化》，《饮食文化研究》，2003年第4期。

第五章

隋唐东北各部族及渤海国崛起

隋唐时期是中国饮食文化发展的重要时期，东北各部族也获得了长足的发展。唐政权对东北地区不断加强管理，设置管理机构，促其获得发展。这一时期东北地区的渤海国崛起，成为饮食文化的一个亮点。

第一节　隋唐时期的东北各部族

隋唐时期东北地区的民族主要包括靺鞨、高句丽、契丹、奚等族。他们是东北饮食文化的主体。忽略东北多元族群杂糅并生的历史情况，是无法准确把握东北饮食文化的民族性的。唐王朝为了对东北地区实行有效的管理，先后在东北地区设置了忽汗州都督府（及渤海都督府）、黑水州都督府、松漠都督府及饶乐都督府。这些官方机构无疑对农牧政策的制定、农牧业生产的管理等方面产生了重大的影响，同样也是影响有唐一代东北地区饮食文化的重要因素。

1. 黑水靺鞨、奚族

唐朝初年，黑水靺鞨形成部落联盟，并与唐朝建立了联系。从开元元年（公元713年）开始，向唐朝贡。开元十四年（公元726年），唐朝在黑水靺鞨居地设黑水州都督府，任其首领为都督，并派长史进行监控，从而把黑龙江中下游的广大地区纳入唐朝的管辖之下。黑水州都督府在历史上起到了重要的作用：巩固了东北边疆，为以后历代王朝对黑龙江流域的管辖奠定了基础；促进了黑龙江流域与中原地区之间的联系。

南北朝时期的库莫奚到了隋唐时期简称奚族，贞观二十二年（公元648年）奚族部众归附唐朝，唐朝在奚族居地设置饶乐都督府，以可度者为都督。开元十年（公元722年）唐朝又先后将两位公主嫁给奚族首领。永泰元年（公元765年）以后，回纥控制了奚族。在回纥控制奚族的85年中，奚族仍不断与唐朝往来。于是，奚族的饮食习俗大量吸收了中原地区的饮食习惯，形成了饮食文化的充分交流与融合。

2. 契丹

契丹是东胡后裔鲜卑的一支，其名最早见于《晋书·载记》，他们战败于拓跋魏，避居今内蒙古西拉木伦河以南、老哈河以北地区，以聚族分部的组织形式过着游牧和渔猎的氏族社会生活。唐代，契丹分为八部，也称为古八部。在战事动荡的岁月中，契丹各部走向联合，先后经过了大贺氏和遥辇氏两个部落联盟时代。公元628年归附了唐朝，唐朝因此在契丹居地设松漠都督府。以其首领为都督，赐以李姓。在漫长的社会发展过程中，契丹逐渐"分地而居，合族而处"，由游牧转为定居，其中靠近中原地区的部落逐渐推广了农业。据《辽史》记载，耶律阿保机的祖父耶律匀德实（唐代契丹迭剌部领袖耶律萨剌德的三儿子）"喜稼穑，善畜牧，相地利以教民耕"。阿保机的父亲耶律撒剌的（耶律匀德实的四儿子）还"兴板筑，置城邑，教民种桑麻，习织组"。在发展农业的同时，还推广了手工业。公元907年，部落贵族（即辽太祖）耶律阿保机统一了契丹诸部，并用武力征服了突厥、吐谷浑、党项等各部，建立了契丹国，日益强盛起来。

3. 高句丽

高句丽，是历史上中国东北地区的一个地方政权。周秦之际，高句丽民族崛起于鸭绿江和浑江流域。高句丽鼎盛时期的势力范围包括吉林东南部、辽河以东和朝鲜半岛北部。高句丽政权先后隶属于汉玄菟郡、辽东郡管辖；公元前37年被西汉元帝册封为高句丽王，即建国；公元668年，被唐王朝所灭，在历史上共持续705年之久。高句丽灭亡后，原政权所辖15万户、70多万居民大多数迁居中原，融入了汉族人群中。

高句丽人的日常饮食主要来源于农业和渔猎业。今吉林集安境内发现了多处高句丽建国前的居住址，出土了大量石器和陶器，其中包括建国前后使用的石质农具。根据高句丽壁画中牛挽车的情况推断，高句丽在农业生产中

图5-1 《宴饮图》，辽阳北园壁画（《辽宁文化通史》，曲彦斌提供）

已使用了牛耕。另外，从高句丽壁画中多处绘有高大仓廪的情况看，高句丽富余人家已把余粮入仓存储。这和《三国志·东夷传》中记载的高句丽"国中大家不佃作，坐食者万余口，下户远担米粮鱼盐供给之"是吻合的。

考古发现：一座高句丽墓葬中，就出土了铁钩41件和陶网坠250余件。反映出该时期高句丽人对于渔猎方式的依赖，以及对铁质、陶制器具的使用。高句丽人的狩猎方式主要有骑马和徒步两种；主要的武器是弓箭和长矛；主要的猎物是虎、黑熊、野猪、鹿、黄羊。很多墓葬中都有反映高句丽民族狩猎的壁画，如《狩猎图》即是最著名的作品之一，表现出高句丽民族善于骑马射箭的特点。高句丽的生产工具主要有铁镢、铁铲、铁锛、铁镰、铁刀、铁铧等；饮食器皿主要是陶器、铁器和铜器。铁食器有铁釜、铁锅；陶器有混质陶器和釉陶器，器形有陶瓮、陶甑、陶瓶、陶罐、陶盆、陶壶（四耳陶壶）、陶钵。其中陶罐有各种形制的，包括四耳陶罐、茶绿釉陶罐、大口深腹陶罐等；另外，宽唇展沿四耳壶是高句丽民族黄釉陶中具有独特风格的代表。考古工作者在战国至汉代的高句丽墓葬中发现了酒盅，表明高句丽民族至迟在战国时期就已经能够酿酒与饮酒，特别是酿造的烈酒。在高句丽5世纪的墓葬中，考古工作者发现了黄釉的陶灶，表明高句丽民族喜食熟食。

第二节　渤海国的崛起及饮食文化的发展

一、渤海国的建立及与周边地区的文化交流

靺鞨是黑龙江地区古代最重要的先民之一，其族源是肃慎和勿吉，所居

处"盖肃慎之地，后魏谓之勿吉。"①7世纪末至10世纪上半叶靺鞨建立了强大的封建政权——渤海国。辽天赞四年（公元925年），契丹耶律阿保机率军征伐渤海国，公元926年渤海国被契丹国所灭，共传国15世，历时229年。渤海国在长达二百多年的发展过程中，全面效法唐朝封建文明，以唐制创建各种典章制度，辖五京、十五府、六十二州，人口达3000万。渤海国全盛时期，其疆域北至黑龙江中下游两岸，鞑靼海峡沿岸及库页岛，东至日本海，西到吉林与内蒙古交界的白城、大安附近，南至朝鲜之咸兴附近。是当时东北地区幅员最辽阔的国家，号称"海东盛国"。

隋唐时，靺鞨族主要分布在松花江、牡丹江及黑龙江下游一代，农业、畜牧和狩猎业都很发达。普遍使用牛耕、水利灌溉技术、深耕法，手工业、商业全面发展。丰富的食物原料、繁盛的农业经济以及相对统一、稳定的社会环境，为渤海国饮食文化的深度发展以及对东亚地区食事交流提供了历史机遇。渤海国人与中原以及周边其他国家间的食事交流非常密切，当时渤海人已经掌握了养蜂酿蜜技术，渤海赴日使节把蜜蜂作为礼物送给日本皇室，并带去一些具有区域特色的食物。日本天安二年（公元858年），渤海国使节乌孝慎赴日献上《宣明历》，此后，《宣明历》在日本沿用了约800年。

渤海国每年还不间断地向唐王朝朝贡，贡品主要内容在中国史籍中多有记载。唐王朝让户部掌管靺鞨之贡献，《大唐六典》卷三《尚书户部》载："郎中、员外郎，掌领天下州县户口之事。凡天下十道，任土所出而为贡赋之差。……远夷则控契丹、奚、靺鞨、室韦之贡焉"唐开元七年（公元719年）八月，"大拂涅靺鞨遣使献鲸鲵鱼睛、貂鼠皮、白兔、猫皮"。②此后每年贡奉

---

① 刘昫等：《旧唐书·北狄传·靺鞨》，中华书局，1975年。
② 王钦若等：《册府元龟》卷九七一《外臣部·朝贡第四》，中华书局，2003年。

图5-2 三彩角杯，辽宁朝阳唐勾龙墓出土（《辽宁文化通史》，曲彦斌提供）

不断，以尽藩属之责。进献的方物有鹰、马、海豹皮、乾文鱼、玛瑙杯、昆布、人参、朝霞绸、鱼牙绸、牛黄、金银、金银佛像、白附子、虎皮等。

　　渤海国与唐朝之间的亲密交往关系不仅仅停留在贡奉方物上，而是一种全方位的"唐化"政策。渤海国派遣质子入朝宿卫。据《册府元龟》卷九百七十四载，唐开元六年（公元718年），靺鞨渤海郡王大祚荣遣其男述艺来朝，唐朝授其为怀化行左卫大将军、员外郎，置留宿卫167。后，渤海各代王子、王弟都先后前来唐朝，入朝宿卫。频繁交往，不绝于缕，使唐文化在渤海国得到大力传播。就连渤海国的都城上京都是模仿长安城建造的，街坊整齐，宫殿庙宇宏伟。渤海国还仿照唐朝制度，在地方设府、州、县。农业生产采用中原先进技术，水稻产量大增。他们仿唐三彩制造的陶器，称为"渤海三彩"。为了方便贸易，唐朝政府在山东半岛设渤海馆，专门接待渤海商人和使者。

　　渤海国还是沟通唐与日本的重要媒介，渤海使节在东亚的航海线即是最好的体现："唐–新罗–日本–渤海–唐"①。史料所见渤海使与日本交往很多。其中，渤海国与日本国饮食贡赐的情况很多。渤海使者携带渤海国王致日本国王的国书、方物来到日本，日本天皇亲自接见并赐宴。比如，公元882年，渤海大使裴颋出使日本，日本方面准备了渤海人喜食的葱、蒜、韭、鱼等物，以供客人食用。当渤海使者即将返回时，日本朝廷不仅热情相送，而且还"造船给粮食以"。

从渤海境内有"葱山"县名及日本接待人员为来访的渤海使者准备大葱及食用的情况来看，当时渤海已经有了葱的栽培。苏联学者在夹皮沟发现了"山葱"，进一步证实了渤海时期已有山葱的种植。关于渤海使与日本的交往记录已有学者做了大量的记述。②

二、渤海国人的生计方式及食物来源

渤海国人的生计方式是农业、渔猎和畜牧三大类。

1. 农业

渤海国是以原高句丽故地为根基建立起来的，而高句丽后期农业已发展到较高水平，"种田养蚕，略同中国"。渤海国的农业在渤海人民的辛勤努力下较之前期有了很大的发展，主要表现在以下几方面。

铁器的广泛使用与牛耕的进一步推广。辽东地区及高句丽故地很早就已

---

① 村井康彦：《从遣唐使船到唐商船——9世纪日中交流的演变》，《郑州大学学报》（哲学社会科学版），2008年第5期。
② 王勇：《书籍之路研究》，石川三佐男：《日中"书籍之路"与〈玉烛宝典〉》，北京图书馆出版社，2003年。

经普遍使用铁器，表明渤海农业已进入了铁器时代，是当时农业生产力水平提高的重要标志。渤海建国后，牛耕开始出现于牡丹江流域及海兰江流域，既节约了人力又提高了农业生产的效率，为深耕细作提供了有利的条件。

水利灌溉的出现与耕作技术的提高。《新唐书·渤海传》关于"庐城之稻"的记载表明，渤海国已经大面积种植水稻，并且培育出了著名的优良品种——庐城之稻。水稻的种植需要充足的水源、日照和温度以及复杂的农田管理技术，其大面积的种植更需要与之配套的水利灌溉系统，以便适时地蓄水、引灌和排涝等。因此，水稻的大面积栽培表明渤海人已开展了农田基本建设及修建起一定规模的水利灌溉工程。

农作物品种的增加与多种经营的发展。当时的粮食作物除了稷、黍、麦、菽、高粱和荞麦外，还增加了稻、荏等品种，尤其是水稻引种的成功对改变渤海人的食物结构以及保证粮食的供给起了重要的作用。粮食作物的生产促进了经济作物的发展。豆类与麻类的种植也有扩大之势，牡丹江流域、珲春河流域是大豆的重要产区；海兰江流域是麻类的重要产区。

渤海国时期的园艺业也有了相当的发展，除培植出闻名遐迩的"九都之李"及"乐游之梨"外，在率滨水流域还产有樱桃、山楂、杏等水果。被内地称为"百菜之首"的葵菜，在渤海各地也广为种植。渤海人喜食的蒜、葱、韭、芥及几种常见的瓜类也应有尽有。

2. 畜牧业

渤海国的畜牧及渔猎历史悠久，渤海建国后，畜牧和渔猎又在原有的基础上获得了新的发展，尤其以养马业成就最为突出，并且培育出优良的品种——"率滨之马"。当时马的饲养量极大，在渤海文王时，唐朝就向渤海国提出征调骑兵四万的要求，这当然不可能是全部骑兵的数量，如以每一骑兵二马计算，则当时渤海国至少有战马十万匹左右；到渤海国后期有"兵数十万"，如按骑兵十几万计算，则应有二三十万匹军马，再加上交通运输及官员骑乘之用，马匹应多达数十万。如果再加上登州等地"货市渤海名马，岁岁不绝"的需要，当时养马业的兴旺可想而知。黑水流域各地，特别是铁利府也以产马闻名。

仅次于养马业的是养猪业和养牛业。猪是渤海人肉食的主要原料，在传统的养猪基础上，又培育出优良的猪种——"鄚颉（màojié）之豕"，渤海国的鄚颉府和东部的挹娄故地，素以养猪著称，扶余故地成为养猪的中心。牛也因饮食的需要而得到大量的繁殖。此外，羊的饲养业达到了新的纪录，除满足本地需要外，也大量出口。各地考古出土的资料表明，在渤海国时期的墓葬中有大量的随葬马、牛、羊、猪等牲畜，证明了当时渤海畜牧业的发达。

与畜牧业相关的是渤海国的狩猎。渤海国茂密的山林及连绵起伏的丘陵，为狩猎提供了理想的场所，渤海猎民具有多种狩猎本领，同时狩猎工具有了新的改进，铁镞代替了石镞，效能大大提高了。所获猎物数量很大，品种也很多，见于记载的有虎、豹、海豹、野猪、鹿、狐、菟、貂等。

3. 渔业

渤海国东临日本海，渤海境内纵横交错的江河及辽阔的海域为渤海提供了丰富的渔业资源，渤海国时期的渔业较前代有了新发展。捕鱼的工具有了明显的进步，在一些渤海国遗址中，发现了长圆形陶网坠，形制与近代铅网坠非常接近，可能当时已使用大型的网具。从其奉献给唐朝的贡品中有"鲸鲵鱼睛"的情况看，当时渤海国的渔民已经能够到远离海岸的海域进行捕鲸作业，表明渤海的渔业生产进入了较高的阶段，捕捞的技术也有了很大的提高，捕获的鱼类大大地增加。同时，也捕捞虾、蟹之类的水产。"湄沱湖之鲫"是当时渤海国的名贵特产，体大肉肥，是渤海进贡的佳品；"忽汗海之鲤"产于忽汗海即今天的镜泊湖，驰名海内。渤海螃蟹也相当知名。据洪皓《松漠纪闻》记载："渤海螃蟹，红色。大如碗，鳌巨而厚，其跪如中国蟹鳌"。

4. 盐业

漫长的海岸线为渤海提供了取之不尽的盐业资源，渤海人长年从事海盐的生产，在渤海国沿海一带建有大面积的盐场，最大的盐产地是盐州。在远离海洋的内陆地区，同样建有池盐。《新唐书·北狄传》称靺鞨地区"有盐泉，气蒸薄，盐凝树颠。"《辽史·食货志》："一时产盐之地如渤海、镇城等处，五京计司各以其地领之。其煎取之制，岁出之额，不可得而详矣。"由此可得知，渤海人以"煎取"的方法大量生产池盐。

三、渤海地区的生产工具

渤海国在二百年的发展中，人口有了大量的增长，到第十代国王宣王大仁秀时人口已达三百万左右，"颇能讨伐海北诸部，开大境宇"。

人口的增加，促进了渤海国的生产发展，同时也必然促进生产工具的发展。隋唐时期，渤海国的生产工具主要包括农具、渔具和猎具。

1. 农具

农具主要是铁器和石器。铁器在渤海国已得到广泛使用，《新唐书·渤海传》载有"位城之铁"，说明位城是渤海国的著名铁矿所在和产铁地点之一。位城属于铁州，铁州之称显然因盛产铁而闻名。还有铁利府也是重要的产铁区之一。仅黑龙江省宁安县渤海上京城遗址及附近地区，就已发现大量铁器，其中包括许多重要的工具，诸如铧、镰、铲、锸等。渤海的铁铧、铁铲比汉代有所进步。宁安上京龙泉府遗址，出土了渤海时期的铁铧，是用生铁铸成，长36厘米，形体较大，须用畜力牵引，并已具备辽金时期铁铧的雏形。铁铧的出现，证明渤海国已广泛使用畜耕。铁镰是收割工具，刃部弯成半月形，大小和形制与中原地区的镰刀相似，用于大面积收割作物。铁铲，已和金代的铁锹形制相仿。铁锸的形制略小于近代的平头锹，也与唐人所用的同类物相仿，是较进步的掘土工具。在渤海国各遗址中还出土了石斧、石镰等石质农具和粮食加工工具。渤海国粮食加工业的兴旺，促进了加工工具的发展。谷物加工工具有手摇磨和石碓，也应有磨坊等粮食加工地点存在。

2. 渔具

渔具包括网具、渔船等。渤海人捕鱼的工具已有明显的进步，在上京等地渤海国遗址中发现的长圆形网坠，上有网绳勒痕，形制与用途同近代陶网坠、铅网坠极为相似，因此可知当时渤海渔民捕鱼时使用了大量的网具。关于渤海国的渔船，史书虽然没有记载，但从渤海国可以大规模远航到日本来看，渤海国有比较发达的造船业。

3. 猎具

猎具主要是各式铁镞，还有弓矢、坐骑，另外还广泛使用鹰、鹘、犬等，尤其是来自契丹地区的一种名叫"貉"的短嘴猎犬，更成为渤海猎人的得力助手。

渤海国的文明成就不仅远远超过了其先民，而且在中国边疆民族地区中居于领先地位，并对后来东北地区的进一步发展，特别是对辽金王朝的相继建立和发展都具有深刻而重大的影响。

第六章

辽金元三大民族入主中原的饮食文化

第一节　辽代契丹的饮食文化

公元907年，契丹建立了政权，成为中国北方的一个强大势力。公元916年，契丹首领耶律阿保机创建契丹国。公元947年（一说938年），太宗耶律德光改国号为辽，成为中国北方统一的政权。公元983年复称"契丹"，公元1066年仍称"辽"。公元1125年，辽为金所灭，此后契丹逐渐被融合。史载契丹疆域"东际海，南暨白檀，西逾松漠，北抵潢水，凡五部，咸入版图"。辽朝强盛时，其疆域东至大海，西至流沙，南越长城，北绝大漠。本节论述的主要是辽金元时期契丹饮食文化的发展和演变情况。

一、契丹族的生计方式和食物来源

1. 畜牧业

契丹族本是游牧民族，畜牧业是契丹人的传统产业。《契丹国志·太祖大圣皇帝》载，公元922年耶律阿保机的妻子述律后谏止阿保机南攻镇州云："吾有西楼羊马之富，其乐不可胜穷也，何必劳师远出以乘危徼利乎！"反映了契丹国初期，畜牧业在契丹国经济生活中的重要地位。契丹国的畜牧生产有公养、私养两种方式。"公养"即所谓"群牧"，契丹国设有西路群牧使司、倒塌岭西路群牧使司、浑河北马群司、漠南马群司、漠北滑水马群司、牛群司，下设太保、侍中、敞史等官员管理群牧生产；"私养"即契丹部民的家庭畜养。

考古发现，在东北契丹时期的文物中，多有关于进食乳肉的情景。他们是东北地区畜牧业发达的历史证据。内蒙古自治区考古工作者在赤峰地区及河北宣化发现许多辽代契丹家族的壁画墓，其中《烹饪图》《点茶图》《温酒图》《庖厨图》等，鲜明而具体地反映了契丹族的饮食文化。1995年秋在内蒙古赤峰市敖汉旗羊山3号辽墓中发现了"契丹烹饪图"。该墓纵150厘米，横110厘米。壁画位于墓室的醒目位置，画面中高大的穹庐内有四个烈火熊熊的火盆，上面放着煮肉的大铁锅，其中一口锅正冒着热气，锅里煮着几只肥美的

图6-1 《契丹烹饪图》，内蒙古赤峰敖汉旗羊山3号辽墓壁画

图6-2 《温酒图》，河北宣化辽墓壁画

羊腿。画面中有四个契丹人，其中一个年轻男子浓眉大眼，身着短衣，正在伸臂挽袖全神贯注地煮肉。他口衔短刀，发辫盘于头顶，显得精明强干，威武有力，颇有草原骄子的雄健风采。在他的左边，有一位老年男子，头戴黑帽，身着黑袍，腰束丝带，足蹬黑靴，神情严肃，袖手坐于圆凳上，描绘出墓主人高贵庄严的神情。画幅的右面，一契丹年轻男子蹲在地上，正在用力撅柴。在他背后，站一契丹中年男子，身穿青色长袍，细长的发辫垂直两肩，上唇蓄小八字胡须，神色庄严谨慎，右手指着煮肉的年轻男子，似在叮嘱什么，俨然似极负责任的管家。从壁画描绘的契丹麻毛质地的长袍以及主人袖手而坐的情况来看，当时正值北方严冬季节。"契丹烹饪图"艺术地再现了契丹族煮食羊肉的具体场景，折射出契丹畜牧业发达的生动画面。

2. 果蔬种植

游牧在蒙古高原东部的契丹人，在与农耕民族的长期接触中，掌握了种植水果和蔬菜的技术。考古发现，在蒙古国克鲁伦河畔的巴赫雷姆，发现了契丹人储存蔬菜的地窖、水渠和菜田的遗迹。在内蒙古赤峰市敖汉旗，发现了辽契丹贵族的墓葬，墓内壁画上绘有西瓜、梨、杏、桃子、枣子等果品。在内蒙古辽上京遗址，还发掘出西瓜和甜瓜的籽实等。这些考古发现，证明了早在一千年前，契丹人已经在大漠南北种植蔬菜和水果了。[①] 该时期主要的水果类型有：西瓜、桃、杏、李、梨、栗子、柿子、石榴等。契丹人根据腌制肉脯的方法，发明用蜂蜜腌制果脯和蜜饯，是中国食品的一大发明。据史料记载，有一次契丹皇帝向宋朝皇帝送寿礼，一次竟送了20箱果品，其中有蜜渍山果、蜜饯山果、柿子、梨、黑李子、面枣、板栗等。[②]

契丹地区气候寒冷，水果易冻，契丹人巧用自然，创造了"冻梨"这种美食，并且流传至今。宋朝使者庞元英详细记载了冻梨的吃法，他还按此法把从南方带来的柑橘如法炮制，演绎出一段南北饮食文化交流的佳话。他在笔记中写道："余奉使北辽，至松子岭，旧例互置酒三行，时方穷腊（腊月将尽），坐上有上京压沙梨，冰冻不可食。接伴使耶戒律筠取冷水浸良久，冰皆外结，已而敲去，梨已融释，自而凡所携柑橘之类均用此法，味即如故"[③]。文中所记的上京，其故址在内蒙古巴林左旗林东镇，当地盛产沙梨，甚为鲜嫩。

契丹人为了发展水果种植业，由皇帝下诏，令各州县广种果树，逐渐形成了许多果园苗圃，为大面积的果树种植做了准备。当时，有专供皇帝宫廷

---

① 王大方：《契丹人的蔬菜和水果》，《中国文物报》，1999年3月7日。

② 叶隆礼：《契丹国志》卷二十一《南北朝馈献礼物》清单，上海古籍出版社，1985年。

③ 庞元英：《文昌杂录》，台湾商务印书馆，1986年。

享用的果园。辽圣宗太平五年（公元1025年）"幸内果园宴，京民聚观"①。东京辽阳府（今辽宁辽阳）到宁江州（今吉林扶余）有桃李园，据《松漠纪闻》记载："宁江州地苦寒，多草木。如桃李之类皆成园。至八月，则倒置地中，封土数尺，覆其枝干，季春出之。厚培其根，否则冻死"，各果园的果实"其大异常"，果农们已经发明了在高寒地区让果树安全越冬的有效方法。

契丹人的果品深受宋朝人的喜爱，著名学者欧阳修出使契丹草原时，契丹皇帝以蜜渍李子招待他。这种李子大小如樱桃，色味皆如李，令欧阳修大快朵颐。契丹皇帝见状甚喜，遂命名蜜渍李子为"欧李"，一时传为南北佳话。②契丹境内盛产水果，在考古发现中也得到证实。契丹人在寒冷偏远的北方草原地区，为中国的园艺事业做出了重要的贡献。

契丹人种植的蔬菜有黄瓜、豆角、大蒜、葱和韭菜等，多是从西域经草原丝路引种的。契丹人已经普遍种植的蔬菜多为汉民族经常食用的蔬菜，这也是南方食物和北方食物交流的结果。宋朝使者在上京看到豆角，称之为"回鹘豆"，《契丹国志》记述了它的形状："回鹘豆，高二尺许，直干，有叶，无旁枝，角长二寸，每角只两豆，一根才六七角，色黄，味如栗（一作粟）。"北契丹人称黄瓜为"长瓜"，人们不但应季吃黄瓜，还用盐渍之以供四季食用。还有来自幽州的合欢瓜，据《辽史·太祖本纪》记载，公元908年"幽州进合欢瓜"。

3. 调味品、饮品及其他

明代宋应星所著《天工开物·作咸》盐产中，按照食盐的加工来源，把

---

① 脱脱等：《辽史》卷十七，中华书局，1974年。
② 西清：《黑龙江外纪》卷八，中国书店，2008年。

食盐分为"凡盐产最不一：海、池、井、土、崖、砂石，略分六种，而东夷树叶、西戎光明不与焉。赤县之内，海卤居十之八，而其二为井、池、土碱。或假人力，或由天造。"不同产地的食盐有不同的盐质。盐产地必是文化的发源地，自古以来人们逐盐而居。盐不但是人们日常生活所必需，同时食草类的大牲畜也离不开它，因此对于游牧民族来说，盐显得尤为重要。据《辽史》载，在辽上京道有盐泺，西京道丰州有大盐泺。曾于公元1008年出使辽朝的北宋人路振在《乘轺（yáo）录》中记载："上国（指辽上京临潢府）西百余里有大池，幅员三百里，盐生著岸，如冰凌，其碎者类颗盐，民得采鬻之。"这里的盐泺在今内蒙古锡林郭勒盟东乌珠穆沁旗的达布苏盐池（又名额吉诺尔盐池），是该地的三大盐池之一。西京道之大盐泺可能是指《辽史·食货志》中

图6-3 《备茶图》（局部），河北
宣化6号辽墓前室东壁壁画

图6-4　南宋犀皮轮花天目盏托（李理提供）

的鹤剌泊，即今内蒙古锡林郭勒盟正镶白旗内产小白盐的湖泊。

契丹的常见饮料包括：酒、奶、茶、果汁，以及奶粥、法酒、糯米酒、葡萄酒等。契丹人很早就开始吃奶粥，文献记载称之为"酪粥""酪糜"或"乳粥"等。这种乳粥，北宋诗人梅圣俞《送景纯使北》诗中提到："朝供酪粥冰生碗，夜卧毡庐月照沙。"朱彧（yù）《萍州可谈》记载："先公至辽日，供乳粥一碗，甚珍，但沃以生油，不可入口。"在南人看来"不可入口"的东西，契丹人却视为"甚珍"。①

辽代契丹人的食物来自农业、渔猎业及部属贡奉。契丹族的社会生产，大致以阿保机建立契丹国为一分界线。建国以前，契丹人主要从事游牧，辅以狩猎，过着食兽肉，衣兽皮，车帐为家的生活。《辽史·营卫志》："畜牧畋（tián）渔以食，皮毛以衣，转徙随时，车马为家"②。到契丹国建立后，农业、畜牧业、手工业等，均有很大发展，为契丹国的征战提供了物质基础。在契丹国存在的200多年内，农业和畜牧业始终占据主导地位。农业生产的重心在

---

① 李炳泽：《奶粥在中国饮食文化中的地位》，《黑龙江民族丛刊》，2002年2月。
② 脱脱等：《辽史·营卫志》，中华书局，1974年。

南部，畜牧业生产的重心在北部，处于中间的奚族故地则为半农半牧区。

4. 农业得以发展

燕云地区大批逃亡者及被掠汉人的进入，给契丹带来了丰富的生产经验和劳动力，并在今滦河上游一带开垦了许多田地，使契丹的农业生产得以发展起来。阿保机之所以能够统一契丹诸部和建立契丹国，很大程度上是靠这里的农业生产为后盾。契丹人在得到辽东地区和灭亡渤海国后，把那里发展成了第二个农业生产区。

辽会同元年（公元938年），耶律德光势力范围扩大，使契丹国可耕种的农业区面积得到扩大，上述地区的农业生产为契丹贵族提供了生活所需的丰富物品。阿保机在平定刺葛诸弟之乱后即"专意于农"，这时主要还是"率汉人耕种"。天赞元年（公元922年），因北大浓兀部人口增多，阿保机将其一分为二，并"程以树艺"，而二部农业种植又比较成功，于是邻近"诸部效之"，从事农耕的契丹部落逐渐增多。耶律德光当政后，不仅为了"无害农务"在"农务方兴"之时不"东幸"，且把农业生产由"地沃宜耕植"的临潢府（治所在今内蒙古自治区巴林左旗林东镇）周围向更北的地区拓展。契丹人于10世纪上半叶在寒冷的克鲁伦河一带垦地种植，已为考古发现所证实。在内蒙古自治区新巴尔虎右旗克尔伦牧场、蒙古国东方省祖赫雷姆城的考古挖掘中，都发现有辽代的耕地和水渠遗址。这个时期的农业生产模式还被推广到辽朝的西北部边境地区。镇守寒冷边地的部落在繁重戍守任务中同时从事农业生产，驻守西南和南部边境的契丹部落，也有相当一部分人经营农业。

由于契丹人的分布区均为干旱少雨之地，故其种植的农作物，主要是粟、麦、穈、黍，还从回纥人那里引种了"回纥豆"和西瓜。以下一些数字反映出了当时契丹农业的发展状况，辽保宁九年（公元977年），景宗为援助北汉，曾"赐粟二十万斛"。圣宗时耶律唐古因在胪朐河"督耕稼"有方，被调屯镇州（治所在今蒙古国布尔根省哈达桑东青托罗盖古城），"凡十四稔，积粟数十万斛"。由于辽圣宗积极倡导农业，经过兴宗、道宗两朝，契丹农业进入鼎盛时期。其间，因粮食有余，东京道和上京道的50余城以及"沿边诸州"，都设立了储粮备缺的"和籴仓"，每仓大略储粮有"二三十万硕（量词，同'石'）"。

5. 渔猎产品

契丹人居住在潢河、土河之间，渔猎是他们的重要生计方式。冬春之间，河湖冰冻，凿冰眼用绳钩捕鱼。狩猎以骑射为主，因季节而不同。春季捕鹅、鸭、雁。四五月打麋鹿，八九月打虎豹。又有"呼鹿"法，猎人吹角模仿鹿鸣，诱鹿进入猎区加以捕射。契丹人饲养猎鹰作助手，捕捉各种飞禽。其中以号为"海东青"的鹰最为有名。契丹人还驯养豹，在出猎时随行捕兽。辽朝建国后，居住在潢河流域的契丹人，继续从事渔猎。辽朝皇帝和随行官员，

图6-5 《臂鹰出猎图》（《辽宁文化通史》，曲彦斌提供）

四季也在捺钵①时进行渔猎活动。

二、契丹族的饮食器具

契丹是骑在马背上的民族，以游牧、射猎和征战为主，生活用具及饮食器皿多与此有关，具有粗犷、豪放的特点。但由于受中原的影响，饮食器皿在造型上也吸收了中原地区文化元素，反映了当时民族间的文化交流。契丹族的饮食器皿多为陶瓷器和金银器。

1. 陶瓷器

契丹瓷器是在契丹传统制陶工艺的基础上，吸收北方系统的瓷器技法而烧制的，在五代和北宋时期南北窑的产品中独树一帜，具有鲜明的民族风格与地域特点。其陶瓷饮食器多为酒具、茶具、盛食具、贮藏器。大都为民窑产品，也有供辽皇室和契丹贵族使用的官窑制品。民窑产品粗朴，官窑产品精致。

契丹饮食瓷器多为白瓷和青瓷。白瓷是契丹人在节日和待客时的食器。辽朝廷盛典佳宴及款待各国使臣的时候都必须使用瓷碗、瓷壶等。另外在内蒙古扎鲁特旗辽墓中还发现了绿釉瓷鸡冠壶、钵、杯等。辽代瓷器有白釉、黑釉、白釉黑花瓷。瓷器造型分为中原形式和契丹形式两类。中原形式大都仿照中原固有的样式烧造，有碗、盘、杯、碟、盂、盒、盆、罐、壶、瓶、瓮、缸等。契丹形式则仿照契丹族习用的皮制、木制等容器样式烧造，器类

---

① 捺钵，契丹语，意为行营、行帐、营盘，为契丹国君主出行时的行宫，即临时居住处，犹汉语的行在所。

图6-6　辽代铜执壶（观复博物馆提供）

有瓶、壶、盘、碟等，造型独具一格。瓷质茶具主要有：白釉盘口瓜棱执壶、黄釉茶盏托、黄釉瓜棱执壶、黄釉龙柄盏。为研究辽代茶文化提供了很好的物证。这些瓷制用品实用性强，粗犷、质朴，富有民族特色。

辽代陶瓷的传世品中以黄、绿单色和黄绿白三彩釉陶居多。辽三彩是在继承唐三彩的技法上有所创新而烧造的低温铅釉器，在器物造型、装饰艺术、烧造工艺上都具有浓厚北方民族风格，釉色一般以黄、白、绿三色为主，在这三色基础上略有变化，如黄色可以分为淡黄、酱黄、深黄、姜黄，绿色可以分为浅绿、深绿、墨绿等。辽三彩器物造型多为契丹器型，其中饮食器皿为长瓶、凤首瓶、三角盘、八角盘、圆盘、摩羯壶、鱼纹龙纹执壶、龟形背壶、鸳鸯壶。目前已发现烧制辽三彩的窑址。

2. 金银器

辽代作为食具的金银器集中体现了契丹民族的生活特色和区域特点，也体现了契丹本土文化与内地、外域文化之间的交流。辽代金银器多出自辽代贵族

图6-7 辽银鎏金双狮纹果盒，阿鲁
科尔沁旗耶律羽之墓出土（李理提供）

墓葬，如在内蒙古赤峰契丹皇族耶律羽之墓中出土了金银器数十件，其中金器
有杯（花式口、高圈足绘双凤纹）、绘兔纹碗；银器有盘、盆、碗（摩羯纹金花
银碗）、罐、匙（在其柄端内錾刻双鱼，双鱼尾部有穿孔）等，耶律羽之墓中出
土的前花鎏金银盘极为精致，盘内底中心绘着双凤。

辽代佛教圣地内蒙古赤峰遮盖山出土的鎏金银鸡冠壶，系为辽代金银器中
的上品，其中最具特色的当属鎏金银鸡冠壶。鸡冠壶最先是用皮块、皮绳缝制

图6-8 辽银金花渣斗，阿鲁科尔沁旗耶律羽之
墓出土（李理提供）

图6-9 辽金五曲花口盏，阿鲁科尔沁旗耶律羽
之墓出土（李理提供）

的皮囊壶，用以背水、酒、奶，后来逐渐发展为木制、陶制、瓷制和金银制品。但其外形仍保留皮囊壶的特点，如金银壶外形仍似5块皮子用皮绳扎束的皮囊壶；高颈，小口，防止壶内液体外溢；扁身，鼓腹，便于多装液体；穿孔系绳便于背带；平底便于平时稳重。它是一件实用器物，是契丹民族随身携带的一种生活必需品。鸡冠壶造型别致，制作精美，堪称国之瑰宝。

三、契丹与中原的饮食文化交流

契丹王国与周边各族各国的交往甚为密切，尤其与中原地区的文化交流最为深入。公元909年，契丹"置羊城于炭山之北以通市易"。辽太宗非常重视市易，经常"观市"。由于辽国的疆域东西横长，所以契丹国在沟通东西方文化、经济交流方面，成为东西方交流的天然渠道。

契丹与宋朝饮食文化交流频繁而又具有高层次，多为君主及仕宦阶层的交往，历史文献多有记载，为我们今天考察契丹与宋朝之间的食事文化交流留下了宝贵的材料。据《契丹国志》载，如当宋皇帝生日时，契丹要派人送去很多贵重礼物，主要是衣物、食物，其中食物主要有：法渍法曲面曲酒，蜜晒山果、蜜渍山果，疋列山梨柿、榛栗、松子、郁李子、枣、楞梨、堂梨，面杭糜梨秒（chǎo，干粮、炒米），芜荑白盐、青盐，牛、羊、野猪、鱼、鹿腊等。每当正旦，契丹也要赠果实、杂秒、腊肉、新罗酒、青白盐之类。"承天节，又遣庖人持本国异味，前一日就禁中造食以进御云。"当契丹皇帝生日时，北宋派人送金质酒食茶器三十七件、衣五袭、金玉带二条……另外还送法酒三十壶、乳茶十斤、岳麓茶五斤、盐蜜果三十罐、干果三十笼。从历史文献的这些食单中可以看出，契丹国与宋朝之间的外交礼品多为本地的土特产，也看到他们之间的交流之频繁。从而显示出殷实的国力和企盼毗邻和睦的外交诉求。

四、饮宴中的权谋与赏军

中国历史上经常有这样的情景，一场小小的饮宴就能涉及江山社稷、鹿死谁手之大事，也蕴藏着种种事变军机。辽代耶律阿保机通过"盐池宴"重新夺回契丹政权，即为一例。关于"盐池宴"，《契丹国志》《资治通鉴》《新五代史》等书均有记载。《新五代史》卷七十二《四夷附录》有着极为详尽的记载："阿保机，亦不知其何部人也，为人多智勇而善骑射。是时，刘守光暴虐，幽、涿之人多亡入契丹。阿保机乘间入塞，攻陷城邑，俘其人民，依唐州县置城以居之。汉人教阿保机曰：'中国之王无代立者。'由是阿保机益以威制诸部而不肯代。其立九年，诸部以其久不代，共责诮之。阿保机不得已，传其旗鼓，而谓诸部曰：'吾立九年，所得汉人多矣，吾欲自为一部以治汉城，可乎？'诸部许之。汉城在炭山东南滦河上，有盐铁之利，乃后魏滑盐县也。其地可植五谷，阿保机率汉人耕种，为治城郭邑屋廛（chán）市，如幽州制度，汉人安之，不复思归。阿保机知众可用，用其妻述律策，使人告诸部大人曰：'我有盐池，诸部所食。然诸部知食盐之利，而不知盐有主人，可乎？当来犒我。'诸部以为然，共以牛酒会盐池。阿保机伏兵其旁，酒酣伏发，尽杀诸部大人，遂立，不复代。"从这段史料中，我们可以看出饮宴在辽代政治生活中的作用。宴饮活动有时能够成为历史上政权更迭的重大契机。

公元951年，后周建立并进攻北汉，北汉向辽请求援助。9月，辽世宗耶律阮（阿保机孙子）率军帮助北汉攻打后周，进军至祥古山时（今河北宣化境内）与母亲萧太后在行宫中祭祀父亲耶律倍，并与群臣饮宴大醉。耶律安端（阿保机的弟弟）的儿子耶律察割乘机攻入行宫，杀死辽世宗和萧太后，囚禁百官及家属，自立为皇帝，这就是辽代历史上的"察割政变"。

饮宴还是军队犒赏士兵的重要手段。据《辽史》记载，公元922年4月，辽攻打蓟州。攻下蓟州后，辽太祖"大飨军士"。公元923年5月辽太宗耶律尧骨（德光）攻克平州凯旋，辽"大飨军士，赏赍有差"。公元925年大元帅打败党项，"飨军于精山"。公元926年辽攻下渤海国，改渤海国为东丹国，并平定郑劼等三府叛乱。之后辽太祖"宴东丹国僚佐，颁赐有差"。公元933年，皇太弟征讨党项得胜还师，辽太宗设宴慰劳之。公元934年，辽军略地灵丘，"父老进牛酒犒师"。足见宴饮在辽代军事生活中的作用。宴饮还用来表友情。公元936年，当晋帝辞归时，辽太宗与晋帝"宴饮，酒酣，执手约为父子"，"以白貂裘一、厩马二十、战马千二百饯之"。

五、辽代君王的四时捺钵制度

契丹国既有皇都，亦有五京之制，然契丹皇帝一年四季却巡幸于四时捺钵之间，政务皆在捺钵中处理，捺钵之地实为契丹国的政治中心、最高统治者所在地。

捺钵，契丹语，意为行营、行帐、营盘，为契丹国君主出行时的行宫。关于四时捺钵的时间、地点和行动目的（内容），《辽史》等典籍均有较详细的记载，《辽史·营卫制》："畜牧畋渔以食，皮毛以衣，转徙随时，车马为家。此天时地利所以限南北也。辽国尽有大漠，浸包长城之境，因宜为治。秋冬违寒，春夏避暑，随水草就畋渔，岁以为常。四时各有行在之所，谓之'捺钵'。"皇帝在四时捺钵中要进行一些与饮食相关的渔猎活动，并形成定制。

时间：按常规，正月上旬，契丹君主的"牙帐"从冬捺钵营地启行，到达春捺钵地约住60日。四月中旬"春尽"，牙帐再向夏捺钵地转移，在五月下旬或六月上旬到达目的地后，居50天，约在七月上旬或中旬，又转向秋捺钵地。当天气转寒时，则转徙到气温较暖的冬捺钵地"坐冬"。契丹君主"每岁四时，周而复始"，巡守于捺钵。显而易见，捺钵实为契丹朝廷的临时所在之地。

地点：史载的四时捺钵地，到圣宗朝已成定制。在此以前的太祖至景宗五朝，每朝都不尽相同。定制后的春捺钵地主要在长春州的鱼儿泺（今洮儿河下游之月亮泡）、混同江（指今松花江名鸭子河一段），有时在鸳鸯泺（今内蒙古自治区集宁市东南黄旗海）；夏捺钵地在永安山（在今内蒙古乌珠穆沁旗东境）或炭山（今河北省沽源县黑龙山之支脉西端）；秋捺钵地在庆州伏虎林（在今内蒙古巴林左旗西北察哈木伦河源白塔子西北）；冬捺钵地在广平淀（今西拉木伦河与老哈河合流处）。

内容：春捺钵为捕天鹅、钓鱼及接受生女真"千里之内"诸酋长等的朝贺；夏捺钵是避暑，与北、南面大臣议国政，暇日游猎；秋捺钵主要是入山射鹿、虎；冬捺钵是避寒，与北、南面臣僚议论国事，时出校猎讲武，并接受北宋及诸属国的"礼贡"。契丹君主四时捺钵不是为了玩乐，也不是汉人眼里的所谓"四时无定，荒于游猎"，而是把游牧民族"秋冬违寒，春夏避暑"，随水草畜牧的生活习俗引入到政治管理中。契丹君主捺钵中的渔猎活动，绝非只为消遣，君王以亲身之示范，旨在教育其族众不忘立国之本的铁马骏骑本色，保持一支能纵横驰骋的劲健骑兵队伍，以与中原王朝抗衡。所以后来靠"骑射"建立的金、元朝亦有捺钵之制，清朝则有"木兰秋狝（xiǎn，秋天打猎）"之习。

四时捺钵制是契丹人建国后的一种创举，君王在游牧、渔猎迁徙中议事、处理公务，既未改变游牧、渔猎的传统习俗，又能有效的管理国家。

第二节　金代女真人的饮食文化

一、女真各部与金朝的建立

金代是以女真族为主建立的王朝，女真源于唐代靺鞨七部之一的黑水靺鞨。黑水靺鞨在靺鞨七部中地处最北，汉族先进的文化对其影响较小，所以它在靺鞨各部中发展较慢，社会经济也较为落后。当粟末靺鞨在唐代已经建立渤海王国进入阶级社会时，黑水靺鞨仍然停留在原始社会的末期。

辽太祖阿保机征服女真诸部后，对其进行了分而治之，他把社会发展较快、政治上有势力的数千户强宗大姓迁居到今辽宁省辽阳市以南的地区，编入了辽的户籍直接统治，这些人称为"熟女真"。对于那些没有迁徙的、处于社会底层的女真人，实行笼络统治，他们被称为"生女真"。生女真约有十余万户，散居山谷间，他们未编入辽代户籍，辽代也不派官对他们进行统治，"自推豪杰为酋长，小者千户，大者数千户"[①]，但要向辽朝贡献方物，表示臣属。生女真异常勇猛，三人可搏猛虎。生、熟女真之间不准来往。分布于生、熟女真之间，即住在今辽宁省开原县东北至第二松花江中间的女真人，称作

---

① 陈邦瞻：《宋史纪事本末》卷十二《金灭辽》，中华书局，1977年。

"回霸女真"（回霸一作回跋，因其中心地在回跋江即今辉发河流域而得名）。虽被编入辽户籍，但允许其与生女真往来，居于今俄罗斯远东锡赫特山脉以东近日本海的，被称为"东海女真"。住在今洮儿河附近的一支，因其"多黄发，鬓皆黄"，被称为"黄头女真"。

上述称号表明，女真部落的命名或依王者命之，如生、熟女真；或据其居住地区，如回霸、东海女真；或按其外貌特征，如黄头女真。五支女真人，共有72支部落，这些部落组织一直存在，直至被"猛安谋克"[①]制取代。

11世纪中叶以后，社会内的阶级分化愈趋激烈，出现了大量的奴隶，战争成了女真各部掠夺财富和奴隶的手段。频繁的战争，使各部都感到结成联盟抵御外侵是赖以生存的条件，于是部落联盟就应运而生了。此后以地域为标志逐步形成了若干个军事部落联盟，其中以完颜部为核心建立的联盟最强大，它的发展壮大过程，也是完颜部统一女真各部的过程。

建立金王朝的是生女真完颜部的首领阿骨打。他从十岁起就开始习武练射，箭法极好，被称为奇男子。成年后多次参加平定女真内部叛乱的斗争，在历次征战中他都冲锋在前，为统一女真做出了重要贡献。辽天庆三年（公元1113年）十月，阿骨打担任女真部最高首领都勃极烈。他注意"力农积谷，练兵牧马"[②]，使女真内部奴隶制有了发展。天庆四年（公元1114年），阿骨打率领女真军进行了一系列反辽战役。天庆五年（公元1115年）正月，阿骨打建国称帝，国号大金，定都会宁（今黑龙江省阿城市白城），这标志着女真族的社会发展进入一个新时期。金国建立后，进军辽东北重镇黄龙府，并迅速占领。

---

① 猛安谋克是金代女真社会的最基本组织。为金太祖完颜阿骨打所定，有时作为女真人户的代称，或作官称。猛安，又译萌眼；谋克，又译毛毛可、毛克。

② 徐梦莘：《三朝北盟会编》卷三，上海古籍出版社，2008年。

接着又先后攻占辽东京、上京、中京。公元1125年金与北宋军联合灭辽，公元1127年又挥兵南下灭北宋。自此以后，它与南宋、西夏分掌中国统治权达100余年，成为中国历史上的一个王朝。

金朝在历史上相对稳定，控制时间较长。公元1153年，金人迁都燕京（今北京市）。其统治区域北至外兴安岭，南达淮河，东临海，西与西夏及以"界壕"与蒙古为邻。金代强盛时期所控制的疆域相当广袤，其疆域面积约为南宋的两倍。金代的疆域中有山区、平原、河流及绵长的海岸等各种地形地貌。极具北方雪国的地理环境造就了多样的植物资源以及动物资源。山区的原始森林和江河是女真族渔猎的极佳场所。江河中的可食性生物，特别是丰富的鱼类资源是金代鱼文化发达的重要保证。

二、女真的农业发展与饮食结构

1. 女真人的饮食结构

由于地域的原壤性和区域性，金朝女真人的饮食具有典型的东北特点。主副食分明，副食品丰富。作为主食的农作物种类主要有粟、麦、稻、荞麦等，尤以粟、麦为大宗。副食品原料极为丰富，大致可分为以下六类：

鱼肉类：除了鱼以外，据马扩《茅斋自序》记载，当时可供肉食的家畜有猪、牛、羊、马、驴、犬等；家禽有鸡、鸭、鹅等；野生动物有鹿、兔、狼、獐、狐狸、大雁、蛤蟆等。

油脂类：主要是以家畜、家禽及野生动物提供的脂肪为食用油，还能从菽、麻等植物中提取植物油。当时人们喜食的许多食品，如"大软脂""小软脂""茶食"等都是用油炸成的。

图6-10 辽金时期的龙凤纹磁州窑罐(《辽宁文化通史》,曲彦斌提供)

蔬菜类:有葱、蒜、韭、葵、长瓜等。此外,女真人也将白芍药花入菜,据《松漠纪闻》载:"女真多白芍药花,皆野生绝无红者,好事之家,采其芽为菜,以面煎之,凡待宾斋素则用,其味脆美,可以久留"。

蛋乳类:女真人饲养鸡、鸭、鹅等家禽,因此食用蛋类;又饲养牛羊等家畜,也已懂得从家畜身上获取乳类,并能制作乳制品。

瓜果类:"蜜糕(以松实、胡桃肉渍蜜和糯粉为之)"①。"西瓜形如匾蒲而圆,色极青翠,经岁则变黄。其瓞(小瓜)类甜瓜,味甘脆,中有汁,尤冷。""如桃李之类,皆成园,至八月,则倒置地中,封土数尺,覆其枝干,季春出之"。②可知瓜果类有松子、胡桃、西瓜、桃、李等多种。

调料类:女真人日常饮食中的调料有盐、酱、蒜、芥末、醋等。盐是女真生活中不可缺少的调味品,"辽金故地滨海多产盐,上京、东北二路食肇

---

① 陈元龙:《格致镜原》卷二十五《饮食类五》,江苏广陵古籍刻印社,1987年。
② 洪皓:《松漠纪闻》卷上,明顾氏文房小说本。

州盐。"[1]女真人"以豆为酱，以米为饭，葱韭之属和而食之。"[2]制作豆酱，以蒜、芥末、醋加菜中调味，并以蜜代糖制作甜食。金代女真族食物原料的丰富，主要是由于农业耕种技术的引入以及东北自然资源的丰富。

2. 女真的农业发展

20世纪中叶以来的大量考古成果，为女真人的农耕生活方式提供了许多物证。在生女真的活动区域内，南起松花江，北至黑龙江，西起大兴安岭东麓的金东北路界壕边堡，东至三江平原，都发现了大量的金代农业生产工具。如1958年在黑龙江肇东县清理的一座金代城址，出土铁器700多件，其中就有各式农具50余件。有人统计，黑龙江省境内历年来出土的金代铁器多达数万件，其中以农具最为普遍。

金朝初年，女真人的农业还处在原始的、粗放型的阶段，但农业产量在增多，国家储积粮食也在增加。大定二十一年（公元1181年），世宗对宰臣

图6-11　金代青白玉透雕海东青捕天鹅带扣（观复博物馆提供）

① 陈梦雷：《古今图书集成·经济汇编·食货典·盐法部汇考六》，中国戏剧出版社，2008年。

② 徐梦莘：《三朝北盟会编》，上海古籍出版社，2008年

说："前时一岁所收可支三年，比闻今岁山西丰稔，所获可支三年。"①世宗时还设常平仓，至章宗明昌五年（公元1194年）天下常平仓共有519处，积粟3786万余石，可备官兵五年之食，米810余万石，可备四年之用。②为了保持尚武和骑射传统，女真推行"猛安谋克制"，按五、十、百、千的人数把女真人和契丹人、汉人组织起来，平时田猎、生产、练武，战时出征，壮者皆为兵士。文献记载了许多有关金代农业生产与人民生活的一些状况："黑水旧俗无室庐，负山水坎地，梁木其上，覆以土，夏则出随水草以居，冬则入处其中，迁徙不常。献祖乃徙迁居海古水，耕垦树艺，始筑室，有栋宇之制"。③女真迁居海古水（位于今黑龙江哈尔滨阿城料甸满族乡）后，转变为农耕的生活方式。海古水也从此成了女真人历史上第一个定居点。阿骨打在金朝建立前，就很重视农业，提倡"力农积粟"，在与辽作战的同时，还诏令各级将领不得"纵军士动扰人民，以废农业"④。阿骨打采取了一系列发展农业的措施，最有效的就是"实内地"，即有计划地向金属地区输入内地移民，旨在把中原地区的汉人迁往金朝的统治中心。这些汉人带来了中原地区先进的生产技术和经验，对东北地区的农业发展做出了极大的贡献。同时阿骨打还提倡女真和汉人在农业生产中相助济。此外，金在伐辽的过程中，获取了辽国的大量耕具，增加了金代农具的种类和数量。女真军攻占了辽国的东京后，阿骨打又下令"除辽法，省赋税"，减轻了东京州县女真人的负担，提高了他们从事农业生产的积极性。对于归降的部众，阿骨打命"凡降附新民，善为存抚。来者各令从便安居，给以官粮，毋辄动扰。"太宗时多次发布诏令，劝课农桑。天会四年

---

① 脱脱等：《金史·志第二十八》，中华书局，1975年。
② 脱脱等：《金史·志第三十一》，中华书局，1975年。
③ 脱脱等：《金史·本纪第一》，中华书局，1975年。
④ 脱脱等：《金史·本纪第二》，中华书局，1975年。

（公元1126年）十二月诏曰："朕惟国家，四境虽远而兵革未息，田野虽广而畎（quǎn）亩未辟，百工略备而禄秩未均，方贡仅修而宾馆未赡。是皆出乎民力，苟不务本业而抑游手，欲上下皆足，其可得乎？其令所在长吏，敦劝农功"[①]。

三、生产工具与饮食器具

1. 生产工具

金代东北地区女真族的生产工具主要是铁制的器具。关于金代冶铁的情况，可见于历史文献记载，金朝阿骨打建国前在其四世祖绥可（约公元10世纪初）时，就已"教人烧炭炼铁"，揭开了金代早期冶铁的序幕。1962年文物工作者又在金上京会宁府附近（今黑龙江省阿城市小岭地区）发现了金代早期冶铁遗址，还在堆积金代矿渣的地点发现了三座炼炉。冶铁业是金源地区最重要的手工业生产部门，在金上京地区特别发达。近年，在今阿城市以东的小岭附近的山区发现了金代铁矿井十余处，炼铁遗址50余处。经专家考证，当时是以木炭为原料来还原铁矿石的，这里的铁矿石含量均在50%以上，属铸铁脱碳钢工艺，容易掌握。金源地区冶铁技术的进步，提高了手工业的生产力。冶铁技术的推广和普遍应用，对金代社会经济的发展起到了重要的作用。现已出土的金代生产工具的形态与种类比北宋更繁多和复杂。例如黑龙江省肇东八里城等地出土的生产工具有：铧、镰、锹、锄、镢、铡刀等。这些用于起土、中耕、收获的工具，可以完成农业生产的全过程。

[①] 脱脱等：《金史·本纪第四》，中华书局，1975年。

2. 饮食器具

金代东北地区女真族饮食器具包括陶器、瓷器、铁器、铜器等。随着社会的进步及生产与生活的需要，金源地区的手工作坊和手工业产品也越来越多。冶铁业，金、银、铜制造业，制盐业和酿酒业，制陶业等行业逐步兴起，促进了酒具、餐饮器具的制作创新。

这一时期出现的金、银、铜制的酒器颇具民族特点，特别是金上京地区因产金而著称于世。酒在金代社会中占有重要的地位，女真人嗜酒，每逢节庆，必以酒助兴，开怀畅饮，醉倒方休。铜甑，即是当时出现的蒸馏酒器具，该蒸馏器由上下两部分组成，上体为冷却器，下体为甑锅，蒸气是经冷却而

图6-12　金代磁州窑虎枕（观复博物馆提供）

图6-13　金代耀州窑青釉刻划花卉水波纹碗（观复博物馆提供）

汇集，从旁孔道输到外边。该甗为青铜器，含铜67.34%，铅14.32%，锡7.91%，其他11.43%，但没有锌。其他铜制食器还有铜锅、铜盆等。

这一时期的铁制饮食器具还有六耳铁锅、铁锅等。

金代上京城商业繁荣，各种行业相继兴起，许多汉人在上京城附近经营金银店铺，制造出许多精美绝伦的饮食器皿。比如银制碗、盘、杯、酒盏等。考古发现，东北地区出土的金代银器皿，除了部分是由中原传入，其余大多是在本地制造。金代东北地区开设有金银作坊，金代统治者使用银制饮食器，一方面反映出金代女真贵族追求奢侈生活，借以显示其身份等级之高贵；另一方面也反映出金代女真统治者深受中原汉族文化的影响，把使用金银器与长生不老相联系，企图实现永久统治。

这一时期的陶器以陶罐、陶壶为主。陶罐多为泥质灰陶，火候较高。1973年在黑龙江省绥滨县中兴乡金墓中出土了两件陶罐，1件在腹部绘有褐红色彩8株小树的图案，另一件出土时底部垫有桦皮托。另有黑釉双耳小壶、三足鼎及圜耳盆形器等。

金前期，尤其在金太宗时期，实行"实内地"政策时，统治者在把大批中原地区的汉人、契丹人迁往东北地区的同时，特别注意把汉人中的手工业工匠迁到"金源内地"，这就为金代前期的瓷器生产提供了技术上的条件。金代前期重要的饮食瓷器有碗、盘、罐、瓶、壶等，其中壶、罐、瓶多配有双系、三系和四系耳，这种便于悬挂提拿的特征与女真族早期游牧生活有着密切的关系。金代东北的饮食瓷器，较好地继承了辽、宋两代优秀的陶瓷艺术传统，也显示出本民族独特的风格。这种艺术风格，反映了金代女真族对中原内地以汉族为主体的传统文化的吸纳，以及对契丹族文化渊源的传承。

四、金代榷场①的设立与饮食文化交流

金进入中原地区以后，以正统自居并以战胜者的姿态君临中原大地。但这并不影响他们全面学习和吸收汉族的物质文化和精神文化。金与宋饮食文化的交流主要是通过榷场进行的。以金为代表的北方游牧民族饮食风习，与以宋为代表的中原农耕民族的饮食风习，在碰撞之间体现了不同文化的差异性，同时也产生了食文化共融的现象。这种复杂的饮食文化现象在榷场这一商贸交易频繁的地方得到了和谐的统一。

金皇统二年（公元1142年）五月，金同意宋的要求，双方各于边界置榷场。正隆四年（公元1159年），由于金对宋的战争，所以金国除泗州榷场外余皆停罢，宋也只留一处榷场。不久，金伐宋，泗州榷场也停罢。金世宗与宋议和后，双方重新恢复了贸易往来。大定四年（公元1164年），金复置泗、寿、蔡、唐、邓、颍、密、凤翔、秦、巩洮等榷场。在榷场贸易中，金人将中原的粮食、瓷器、茶、生姜、橄榄、砂糖、荔枝、牛马等物品源源不断地

图6-14　辽金五曲花口盏，阿鲁科尔沁旗耶律羽之墓出土（李理提供）

① 榷场：宋、辽、金、元时期在边境所设的互市市场。场内贸易由官吏主持，除官营贸易外，商人须纳税、交金钱，领得证明文件后方能交易。

输入金各地。

他们还向汉人学习如何进行四时农业生产，并效仿汉人的吃喝。榷场制度还直接推进了我国茶文化向中国北方的传播，使北方茶文化发展到一个新的高度，这也是前所未有的。在此之前，中国茶文化的主要繁荣区是在中国南方以及中原上流社会，边境的榷场贸易推进南茶北传的同时，北茶也彰显出自己的文化特色，比如北方游牧民喜欢在茶中添加牛乳以及其他果实，即是南北茶文化融合的硕果。此外，金世宗大定三年（公元1163年）金世宗又与西夏置榷场，《金史》记载金大定年间曾罢西界兰州、保安、绥德三榷场，由此可得知，金曾设兰州、保安、绥德三处榷场。

金代榷场的设立，大大促进了金与中原的交流，中原汉民族通过榷场贸易也获得了产于东北地区的食物，丰富了中原食文化的内涵。通过交流，促进了金代饮食文化的发展，丰富了金代女真人的物质生活，也促使金人的游牧文明向农耕文化过渡。

第三节　元代东北地区蒙古族人的饮食文化

一、蒙元政权的建立

"蒙古"是蒙古族的自称，原为蒙古诸部落中的一个部落名称，经历史的发展和演变，逐渐成为这些部落的共同名称。关于蒙古族起源，目前中外史学界有不同的观点，国内普遍的观点认为，蒙古族祖先起源于东胡族系室韦的蒙兀室韦。大约在7世纪以前蒙古族就居住在额尔古纳河一带，后来西迁。在我国唐代史籍中称为"蒙瓦"，《辽史》中称为"萌古"。11世纪，他们结成了以塔塔尔为首的联盟强大一时，因此，"塔塔尔"或"鞑靼"曾一度成为蒙古草原各部的通称。后来西方通常就将蒙古泛称为"鞑靼"。

公元1206年，铁木真在斡难河畔举行的大聚会上被推戴为蒙古大汗，号成吉思汗，建立了蒙古国。

蒙古国初建时，金、西夏、西辽、宋等多国政权各据一方。蒙古国的各代首领成吉思汗、窝阔台汗、蒙哥汗经70年的征讨兼并，消灭了各国政权，完成了旷古未有的大一统。

至元八年（公元1271年）元世祖忽必烈改国号为大元，创建了中国历史上的元朝。

二、元代东北地区蒙古族人的生计方式

由于东北地区多样而优越的生态环境，使得元代蒙古族先民有着畜牧业、渔猎业及农业共存的生计方式。

1. 畜牧业

蒙古族是草原游牧民族，素有"马背上的民族"之称。畜牧业是其主要的生产方式，牲畜种类主要有驼、马、牛、羊，尤其是养马业在整个畜牧业中占有突出的地位。羊的肉、乳、皮、毛都是日常生活用品，《蒙鞑备录》载"宰羊为粮"；《黑鞑事略》载"牧而庖者以羊为常，牛次之，非大宴会不刑马"[1]。牛是东北地区蒙古人重要的食物之一，牛可以用来挤乳，制乳酪，还可供使役。《多桑蒙古史》载："以牛马之革制囊。"

---

[1] 彭大雅：《黑鞑事略》，钞本，1542年。

据载，成吉思汗的七世祖蔑年土敦的夫人莫努伦的马和牲畜，多到无法计算。牧畜的数量规模相当大，呈现出"千百成群"的繁荣景象。当时扎剌亦儿一个部落就有大牲畜七万头。公元1206年蒙古国建立时，成吉思汗的兵力达到十二余万人，《蒙大备录》中记载："凡出师人有数马，日轮一骑乘之，故马不困弊。"①按每人三骑计算，十二万人的军队就应该有三十六万匹马。这还不算散马群。公元1211年，蒙古军袭击金国群牧监，得马几百万匹分属逐军。通过孳繁、掳掠，蒙古草原的马匹数量猛增，并成为世界上拥有马匹最多的国家。大量的马匹，一方面充实了蒙古军的实力，另一方面也成为蒙古人肉食原料的来源。蒙古建国后特别重视畜牧业，窝阔台时，指令在各千户内选派嫩秃赤（管理牧场的人）专管牧场的分配和使用。国家为了扩大牧场，经常派人在漠北打井，开发无水草原；国家为了保护牧场，颁布了严格的禁令：草生而掘地、遗火烧毁牧场，都要受到法律的惩处。泰定元年（公元1324年）中书省规定的牧民贫富标准是：凡马、驼不足二十匹，羊不足五十只者，为贫困。从这个数据可以看出元代东北蒙古族畜牧业生产的发展盛况。

2. 渔猎业

元代东北地区蒙古族及女真分布的地域江河交错，河湖棋布，有松花江、嫩江、乌裕尔河、月亮泡等大小泡泽200多个，为东北渔业的发展提供了天然条件。这里有畜牧、渔业兼营者，也有专门从事渔业者，据《金华黄先生文集》卷二十五《鲁国公札剌尔公神道碑》载："地无禾黍，以鱼代食。"捕鱼成为沿江靠河地区各族居民谋生的重要手段，东北地区捕鱼儿海（贝尔池）、答儿海子（又称鱼儿泊，今达赉诺尔）和肇州（今黑龙江肇东县八里城）都

---

① 来集之：《倘湖樵书》卷七，上海古籍出版社，2002年。

产鱼。《元史》卷五十九《地理志》载："至元三十年（公元1293年）世祖谓哈喇八都鲁曰：'乃颜故地曰阿八剌忽者产鱼，吾今立城，而以兀速、憨哈纳思、乞里吉思三部人居之，名其城曰肇州，汝往为宣慰使。'既至，定市里、安民居，得鱼九尾皆千斤来献"。

狩猎是蒙古族饮食的又一种重要来源，是畜牧经济产生的基础。《蒙古秘史》中记载的"森林中百姓"都是猎民，元代东北地区"林木中百姓"和居于黑龙江地区的女真人主要以狩猎业为主。蒙古族狩猎的方式多种多样，比较常见的是集体围猎和个人行猎，围猎的规模极为壮观。集体围猎前要举行非常隆重的出猎宴，宴毕，各猎户家属为亲人送行，敬献上马酒，祝福多获猎物。蒙古猎手们获得的猎物极为丰盛，其中主要是肉类动物，包括雪兔、鹿等。参加围猎的各蒙古猎户都可以获得一份不等量的猎物。南宋彭大雅在《黑鞑事略》中记载，蒙古人"其食肉而不粒，猎而得者曰兔、曰鹿、曰野彘（zhì）、曰黄鼠、曰顽羊、曰黄关、曰野马，曰河原之鱼"。同时还记载："其饮，食马乳与牛羊酪。"同时代的赵珙在《黑鞑备录》中也说："鞑人地饶水

图6-15 元代银锤錾莲花
纹高足杯一对（观复博物馆提供）

草，宜羊马，其为生涯，止是饮马乳以塞饥渴。凡一牝马之乳，可饱三人。出入止饮马乳，或宰羊为粮"。

3. 农业

元朝建立前后，在蒙古统治者经略东北之初，曾给当地的社会经济造成严重破坏。元朝统一全国后，在元政府劝农政策的推动下，经过东北各族人民的共同劳动，东北地区的农业有了一定的发展，农田面积扩大，粮食产量提高。

蒙军南下之初，对所至之地烧杀掳掠，甚至肆意毁农为牧。在破坏性极大的战争中，蒙军残酷野蛮的强制推行游牧生产方式，给东北农垦地区带来了极大的灾难，被征服的民众对蒙古统治者的野蛮统治方式表示强烈反抗。因此，从窝阔台时代开始，在耶律楚材等人的推动下，蒙古统治者逐渐重视农业，到了忽必烈时代农业政策有了转变。据《元史》卷九十三《食货志》载："世祖即位之初，首诏天下，国以民为本，民以衣食为本，衣食以农桑为本。于是颁《农桑辑要》之书于民，俾民崇本抑末"。在设十路宣慰司之际，强调必须选择熟悉农事者充任劝农官。中统二年（公元1261年）复增设劝农司，以掌农田之辟。中统三年（公元1262年）忽必烈严令"中书省、宣慰司、诸路达鲁花赤、管民官，劝诱百姓，开垦田土，种植桑枣，不得擅兴不急之役，妨夺农时。"把恢复、发展农业放在重要地位。这一政策是推动农业生产出现转机的重要动力。与全国一样，东北地区的农业也出现了崭新的面貌，这主要表现在以下几个方面（可以称之为"农政五条"）。

第一，在组织上，至少在东北地区的南部比较普遍地推行了"社"的组织。社制与里正、主首制并行，前者主要负责"劝课农桑"，是为了恢复与发展农业生产特创的一种组织，所以《元史·食货志》中称社制谓"农桑之制"。

元朝政府颁布的14条立社法令，明确规定由社众推选年高并通晓农事者立为社长，并对社内如何促进农业生产的发展作了详尽具体的规定。如要求兴修水利，组织灭蝗，建立义仓，生产互助；要求社长"各随风土所宜，须管趁时农作。若宜先种者，尽力先行布种植田，以次各各随宜布种，必不得已，然后补种晚田瓜菜。仍于地头道边各立牌橛，书写某社某人地段，仰社长时时往来点觑，奖劝诫谕，不致荒芜"①。各社并设置有"农桑文册"，以便"取勘数目"，督考农务。

第二，由国家出面，调集部分军民大力开展有组织的屯垦。元代统一全国后，在各行省"皆立屯田，以资军饷"②，东北地区也相继设立屯田。元代屯田，规模庞大，组织严密。元代的屯田分为军屯和民屯，东北的屯田主要是民屯。元朝政府在东北地区的肇州、蒲峪路等处设置了"屯田万户府"，以管理民屯。

第三，鼓励、支持原来从事渔猎或牧业的一些少数民族改为农务。至元三十三年（公元1293年），濠来仓（指今巴彦县东，松花江北岸）附近的200户女真一向"以渔自给"，忽必烈下令"与其渔于水，曷若力田，其给牛价、农具使之耕。"③劝导他们改行农务。

第四，减少农民额外负担，保护农业生产。如至元十六年（公元1279年），地方官奏报"赋北京、西京车牛俱至，可运军粮。"对此，忽必烈强烈反对，指斥有关官员说："民之艰苦汝等不问，但知役民，使今年尽取之，来岁禾稼何由得种？其止之！"④

---

① 《元典章·户部》卷九《典章二十三》，天津古籍出版社，2011年。

② 宋濂：《元史·兵志第四十八》，中华书局，1976年。

③ 宋濂：《元史·本志第四十七》，中华书局，1976年。

④ 宋濂：《元史·本志第十》，中华书局，1976年。

第五，保护农业生产所需劳力，维护农业生产的正常进行。对于遭受战争或自然灾害的地区，或减免其租税，或进行赈济，或开放山河之禁，通过渔猎补充食物来源，或建立常平仓、义仓以调剂丰歉之年。《元史》卷十二记载，公元1286年"发粟赈水达达四十九站"，《元史》卷九十六《食货志》载"大德元年（公元1297年），以饥赈辽阳、水达达等户粮五千石"。东北地区屯田后，使这里荒闲的土地得到了重新开发。随着农业生产的发展，这里成为征收赋税（主要是粮食）的主要地区。

由于这一时期东北地区的各族人民有机会和农业发达地区的民族发生接触并进行交流，又能从农业地区得到农具、种子，于是一部分人从畜牧业或渔猎业开始转到农业或兼农业了。

三、元代东北地区蒙古族人的饮食结构与食俗

蒙元帝国时期东北地区的蒙古族人日常饮食主要是粮食、肉食和奶食。主食原料包括粟、麦、米；肉食取自羊、牛、马、骆驼等，尤其以"全羊肉"著名；奶食取自牛、羊、马、骆驼的奶等。奶品分为食品和饮料两类。奶食品主要有奶皮子、奶酪、奶油、白油、奶豆腐、奶饼、奶果子；奶饮料有酸奶、奶茶、马奶酒、牛奶酒等。

1. 粮食为主食

元代蒙古族人的主食是粮食，主要品种是馒头。元代的馒头与今天的馒头不一样，类似今天的包子。元代的馒头有羊肉馅、猪肉馅和鱼肉及蔬菜馅。元代有许多记载饮食的书籍，如《饮膳正要》《居家必用事类全集》等，都对馒头的做法和名称有记载。书中认为元代宫廷中的馒头与牛羊肉一样受欢迎，

这些馒头的品种有剪花馒头、茄子馒头、鹿奶肪馒头，馅有羊肉、羊油、鹿脂和茄子等。元代民间百姓也喜欢吃馒头，据《居家必用事类全集·庚集·饮食类》所记，民间馒头制法是先发面，再和面，然后擀皮包馅，蒸而熟之，其名称有平坐大馒头、平坐小馒头、薄海大馒头、捼花大馒头、攒尖馒头，等等。①

2. 饮料

蒙古族人嗜好饮品，尤其嗜好烈酒。据《马可·波罗游记》所记，当时有奶酒、葡萄酒、米甜酒和药酒。中国北方所产的米酒给马可波罗留下了深刻的印象，在书中有的细致描述："契丹省（指中国北方）大部分居民饮用的酒，是米加各种香料和药材酿制成功的。这种饮料，或称为酒，十分醇美芬芳。""没有什么东西能比它更令人心满意足的了。温热之后，比其他任何酒类都更容易使人沉醉"。马可波罗曾把中国的酒方带回欧洲，现今流行于欧美

图6-16　元代无盖青花花卉纹
执壶（观复博物馆提供）

---

① 王大方：《漫话元代的馒头》，《中国文物报》，1998年1月4日。

的"杜松子酒",其配方即载于元代《世医得效方》,欧美人称之为"健酒"。①

3. 饮食器

元代东北地区饮食器材质主要是瓷器和陶器。在东北地区流行的元代瓷器主要是从中原地区传入的,以钧窑、磁州窑、龙泉窑3个窑系的产品为多。钧窑瓷器的特点是"釉具五色,艳丽绝伦",釉色细润,胎骨灰色,器型以碗、盘为多见。磁州窑系的瓷器,多为白地黑花(或铁锈花),器型有四系瓶、盖罐等。龙泉窑以湖绿色为主,瓷釉青翠,温润如玉,器型以大型碗、盘和小碟为多。当代的内蒙古自治区文物工作者先后在赤峰市、乌兰察布盟等地发掘出土了87件保存完好的元代瓷器,其中一些瓷器属于首次露面的珍贵文物。在对乌盟察右前旗集宁路古城遗址进行抢救性考古发掘时,在两处瓷器窖藏中出土了47件元代的上好瓷器,其中景德镇窑釉里红玉壶春瓶、青花高足碗等是元代蒙古族贵族使用的器皿。

4. 蒙古族的饮茶习俗

蒙古族饮茶的历史从13世纪开始,确切地讲应该始于成吉思汗时代。公元1221年,南宋赵珙出使蒙古,辞别之日,蒙古将领木华黎说:"凡好城子多住几日,有好酒与吃,好茶饭与吃。"②这里提到了以茶款待。《长春真人西游记》载:"车驾北回,在路屡赐葡萄酒、瓜、茶等。"③耶律楚材随成吉思汗西征在《赠蒲察元帅七首》的诗中有"一碗清茶点玉香"之句,说明蒙古军营中也流行饮茶。成吉思汗的《神茶罐的故事》也是反映成吉思汗时蒙古人开始饮茶

---

① 王大方:《寻访元代古酒的遗韵》,《中国文物报》,2000年1月16日。
② 孟珙:《蒙鞑备录校注》,上海古籍出版社,1995年。
③ 丘处机受成吉思汗之召,赴大雪山(阿富汗之兴都库什山)授长生之术。《长春真人西游记》是其弟子李志常对其事情原委及经过的实录。

图6-17 元代青玉雕海棠
形带錾耳杯（观复博物馆提供）

的。宋朝用茶来换取北方游牧民族的家畜和畜产品，在边关实行茶马互市，使蒙古人通过互市获得茶叶。

蒙古人饮茶的习惯形成于元代，尤其是元朝宫廷中蒙古皇帝所饮的御茶，质量是上好的，并且要用选好的水制茶。据《饮膳正要》载，蒙古皇帝饮茶所用的水是"内府御用之水，常于邹店取之，缘自至大初武宗皇帝幸柳林飞放，请皇太后同往观焉，由是道经邹店，因渴思茶，遂命普阐美国公金界奴朵儿只煎造，公亲诣诸井选水，惟一井水颇清甘，汲取煎茶以进，上称其茶味特异"。茶是蒙古贵族重要的饮料，是一日不可或缺之物。但，蒙古人饮茶不是用开水冲泡，而是煎茶。

5. 主人宴会表庆贺

蒙元帝国遇有重大事情，经常用饮宴的方式来纪念，如公元1219年成吉思汗为报花剌子模人杀掠蒙古商人之仇，率20万众西征，经5年血战，灭花剌子模国，于公元1224年班师回朝。大军行至蒙古国西境不哈速只忽，成吉思汗降旨设置大金帐，举行了大聚会及大宴，并且进行由蒙古全体那颜参加的射箭比赛。蒙古大汗登基大典时也举行了盛大宴会，名为质孙宴。①"质孙"的意思就是颜色，质孙宴就是在蒙古大汗即位的典礼上，人们穿着颜色统一的衣服，共同参加盛大宴会。据元朝人周伯其所记："国家之制，乘舆新幸上京，岁以六月吉日，命宿卫大臣及近侍服所赐只孙珍珠翠金宝，衣冠腰带，盛饰明马……于是上盛服御殿临观，乃大张宴为乐……凡三日而罢……名之曰质孙宴。"《元史·舆服志》载："质孙，汉言一色服也，内廷大宴则服之。"质孙宴会后来称为"诈马宴"，在成吉思汗陵附近的蒙古包大帐中，蒙古牧民在盛大的节日里，仍然要举行隆重的"诈马宴"，以欢迎贵客，庆祝丰收。②

---

① 宋濂：《元史·志第十八》，中华书局，1976年。
② 王仁湘：《食肆酒楼任逍遥》，《中国文物报》，1999年4月25日。

第七章

明代东北各民族由渔猎向农耕转型

第一节 明朝统治下的东北地区饮食生活

公元1368年，明军攻占大都，元朝灭亡。元顺帝逃到上都（今内蒙古多伦），后又逃至应昌（今内蒙古克什克腾旗达里诺尔西），中原的蒙古贵族纷纷逃回蒙古故地。次年明军攻克应昌，元帝逃往和林（今蒙古国乌兰巴托西南）国号仍称为元，史称"北元"。公元1402年去国号称鞑靼，去帝号称可汗。元朝灭亡后，东北的故元官吏乘机割据一方，拥兵自立，结寨自保。后被明朝所灭，明朝政府对东北实行招抚政策。公元1371年，元辽阳行省平章刘益派人带着他的亲笔信及辽东州郡地图并户籍、兵马、钱粮之册到南京首先降明。随后，明朝又招抚了纳哈出等故元官吏，并先后在东北设置了辽东都司和奴儿干都司进行管理。

一、东北各民族的主要生计方式

明代东北地区主要有汉族、蒙古族及女真族。明朝初年，汉族主要居于辽河流域；女真主要居于黑龙江、松花江流域；蒙古族居于今内蒙古东部。

他们的主要生计方式仍是以畜牧业、渔猎业、农业为主。

1. 畜牧业

明代蒙古族畜牧业得到进一步发展。游牧民饲养羊、牛、马，有的部落还养骆驼。牛肉、羊肉与牛奶、马奶以及奶制品是牧民的主要食物和饮品。

明代蒙古族的牲畜数量没有资料统计。但从有关记载来看，在明代前期由于连绵的战争，牲畜损失很大，牧业生产呈现不稳定和下降的趋势。洪武五年（公元1372年），明军在亦集乃和瓜、沙二州打败蒙古人，掠获牲畜十二万头；洪武二十一年（公元1388年）大将军蓝玉在捕鱼儿海突袭蒙古大汗，一次战役即获牲畜十五万头；永乐二十年（公元1422年），明成祖征讨兀良哈，获取牲畜十数万头。仅从史书上的明确记载来看，明朝在战争中所得的蒙古牲畜即以千百万计。到明代中后期，一方面明朝国力渐衰，无力发动大规模对蒙战争，另一方面蒙古人内部统一的趋势加强，相对安定，畜牧业开始发展起来。不少大封建主向寺院和活佛施舍，常常一次就献出牲畜上万头；与明朝贸易成交的牲畜数额累年都有大幅度的增长，反映出畜牧业的发达情况。

然而草原游牧经济是脆弱的，当时没有挖井、储草、搭棚圈等设备，一旦遇到雪雨、干旱等自然灾害，就无力抗拒，致使牲畜大批死亡，于是牧民生活立刻陷于缺衣少食的极端贫困境地。所以明代蒙古族在主要经营畜牧业的同时，还必须进行狩猎、耕种、对外交换等其他经济活动，作为生计方式的补充。

2. 渔猎业

狩猎是蒙古族人的重要生计方式，狩猎的季节多在冬季，狩猎民居住在用木头和桦树皮搭盖的棚子里。他们穿的是兽皮，吃的是野牛、野羊肉。冬季出猎时，他们使用一种滑雪板，名为"察纳"，也叫"木马"，在山林中飞快地追逐野兽。猎获物则放在雪橇上，每只雪橇可装载数千斤，运送很方便。他们狩猎的方式主要是集体围猎，常以部族为单位联合举行。首领召集属众赶赴猎场，按照严格的狩猎规定，架鹰使犬，千骑雷动，围捕射杀，有时时间长达百天，所得野物常常堆如山丘。蒙古族人掌握许多狩猎的要诀，如猎鹿，因为鹿奔跑时间过久，肉味就要受到影响，所以一旦遇见奔鹿，就必须在短时间内射中。

明代东北地区蒙古族人的饮食文化思想中包含着朴素的人与自然和谐相处的观念，这也是中华饮食文化中"天人合一"观念的体现。"凡打猎时，常食所猎之物，则少杀羊。"[1]这则材料表明：东北先民获取食物以及消耗食物同样是有计划并且是十分珍惜食物的。在食物充裕的情况下，是不会宰杀牲口的。蒙古人颇知生长之道。在春天鸟兽繁殖的季节不去射猎，夏天也不过量捕杀，只是小小袭取，借以充饥而已。如果违反，就要受到惩罚。《俺答汗法典》明确记载了七项保护野生动物的规定，如"杀野驴、野马者"，罚以马为首的五头牲畜。秋天野兽肥壮时，才进行大规模的围猎。这些行为准则是先民在长时间与大自然和谐共处中所积累的宝贵经验，体现了古人可贵的生态观。

除了大规模的围猎之外，也有个人的捕猎活动。一般采用安装自动弩机、

---

① 彭大雅：《黑鞑事略》，翰墨林编译印书局，1903年。

挖设陷阱、使用网套夹子等方法捕捉走兽飞禽。靠近湖泊河流的蒙古人也从事捕鱼活动，因缺乏网子和钓钩，多用箭矢射取。狩猎和渔猎所得，作为畜牧业生产不足的补充，特别是遇到灾荒年月，野物显得尤其重要。史书上有不少关于蒙古人靠打猎度过饥荒的记载。

3. 农业与屯垦

明代前期蒙古地区的农业十分薄弱，只有兀良哈三卫还保留一些农业生产。他们经常向明朝索取耕牛、犁铧、种子，种植糜等作物。脆弱的畜牧业也需耕种作为补充，因此从明代中后期开始，在漠南适于农作物生长的地区，农业逐渐得到了发展。所种作物有麦、谷、豆、黍等，后来还种植瓜、茄、葱、韭之类蔬菜，饲养鸡、鸭、鹅、猪等家畜。但耕作方式仍然比较粗放，没有灌溉设施，广种薄收。蒙明实现和平以后，农业有了更大的发展，"种田千顷，岁收可充众食"[①]，在很大程度上解决了食物不足的困难。在辽西地区的内哈喇哈部也出现了由汉人耕种土地的情况。

洪武四年（公元1371年），明代实行军屯，同年8月，明朝政府在辽东设辽都卫指挥使司，为解决军粮问题，采取"农战交修"的办法，至洪武七年（公元1374年），屯田实现了粮食自给。洪武二十年（公元1387年），辽东北部、西部都设有屯田军，军屯逐步发展起来。自洪武至永乐年间，辽东地区已开垦土地25300余顷，收粮716170石，辽东、奴尔干都司的给养皆靠辽东屯田供给。军屯改变了辽东地区的经济结构，使农业成为主要的经济部门，元末明初，辽东居民"以猎为业，农作次之"，大兴屯田之后，"四名之中，农居其

---

① 陈子龙：《明经世文编》卷三百十八，中华书局，1962年。

三"，同时使辽东的土地得到了开发，辽河两岸几千里内"阡陌相连，屯堡相望"，粮食产量也有增加，不但能自给，还有剩余。

二、明政府与东北各民族的贡市贸易

蒙明贸易与双方政治关系紧密相连。在南北对峙、战争不断的时候，蒙古人只能在封锁的边境上私相贸易。他们用皮衣、马尾、羔皮等与汉族军民换取斧子、火石、耳坠之类的小物品。春荒时，以一头牛换一石米豆，一只羊换杂粮数斗，没有牲畜的，则用柴、盐等换一点粮食充饥。这样零散而又充满危险的贸易，远远不能满足双方各自生活的需要，人民渴望和平与顺利的交换。在双方统治者逐渐放弃对抗和共同的推动下，遂使正常的贸易得以恢复。蒙古人以牲畜、猎物和一些手工制品向明朝换取纺织品及其他生活用品、粮食、农具、货币等。其目的一是解决粮食及生活用品普遍不足的困难，二是满足蒙古贵族奢侈的需要，三是蒙古封建主在内部斗争中经常需要得到明朝的支持以战胜对手。其中经济方面的原因是最主要的。在蒙明统治者眼中，贸易并不是平等的交换，蒙古封建主认为从明朝取得各类物资是"收取贡赋"，而明廷则以"天朝"自居，视贸易为羁縻①手段。但在客观上，贸易是在和平条件下的互通有无，对社会的安定，对促进游牧民族与农业民族之间的经济交流，起着积极的作用。

正常的贸易采用"通贡"和"互市"两种形式进行，其中"互市"又分官市和民市，"通贡"是蒙古封建主与明廷之间的特殊贸易形式。进贡与回赐

---

① 羁：马笼头。羁縻：笼络之意。

中国饮食文化史

东北地区卷

之物主要也是地方土产，大宗交换依然是食物。在蒙古封建主与明朝的政治、军事关系比较缓和的时候，他们经常派遣使者携带牲畜及其他特产送给明朝皇帝，称为"进贡"。对此明朝以较高的价格折算成一定数量的布帛绸缎、衣服、医药、各类生活用具等让使者带回，同时送给一些银两，称为"回赐"。由于通贡使蒙古封建主得到大量物品，所以尽管明朝规定了严格的贡道和贡期，蒙古封建主们仍然极力突破限制，频繁通贡；瓦剌也先时代的通贡次数最多，常常是前使未归，后使踵至。通贡规模也最大，如正统十二年（公元1447年）一次就派出使者2472人，贡马4772匹，貂鼠、银鼠、青鼠皮12300张，甚至使明朝穷于应付，难于筹措"回赐"。可见，这种频繁的通贡所具有的政治意味已经淡化，而其实质更趋近于食物的交换与分配，只是形式为"朝贡"或"回赐"。

明朝政府为了使东北地区的蒙古、女真等族与汉族进行交易，在辽东地区设立了定期的场所，谓之"马市"。明朝政府开设辽东马市的主要目的在于"有无相济，各安生理。此系怀柔来远之道"[1]，以控制各少数民族，巩固边防。永乐三年（公元1405年），蒙古福余卫奏请入朝贡马，明廷决定"就广宁、开原，择水草便处立市，俟马至，官给其直，即遣归"[2]。由于前来马市交易的人很多，所以，永乐四年（公元1406年）明朝政府正式在辽东的开原、广宁设二处马市，这是辽东马市的正式设立。辽东的马市最初是为了官方购买军用马匹而设的，后来逐渐从官方交易逐渐演变为东北各族之间互通有无的民间集市。来自蒙古兀良哈的货品主要是牛、马、羊等牲畜及皮张；来自女真地

---

① 金毓黻主编：《辽海丛书·全辽志》，台北艺文印书馆，1970—1972年。
②《明太宗实录》卷四十，上海书店，1982年。

区的主要是貂皮、人参、松子等土特产品；来自汉族的主要是生产工具如铧、铲等和生活用品如米、盐、布等。通过辽东马市交易，使东北各族间互通有无，尤其是促进了食品的交换。

第二节　明代东北地区饮食文化的主要特征

一、由"引弓之民"走向"尚俗耕稼"

长弓射猎、骏马奔袭是历史上游牧民族的生存文化特征，我国古代汉文典籍称之为"引弓之民"。东北地区的原住民从隋唐时期的靺鞨、金代的女真开始，逐渐向农耕迈进。到明代女真，尤其是公元1583年努尔哈赤起兵之后，农耕文化有了进一步的发展。特别是铁农具的输入，使得原来"唯知射猎，本不事耕稼"[①]的女真转变为"颇业耕农"[②]。其农器多来自朝鲜。由于铁质农具的输入与使用，直接推动了东北地区农业耕作技术的提高，促进了耕地面积的扩大，努尔哈赤及其后继者为使农业得到快速、有效的发展，采取了一系列行之有效的措施，例如，肥田、不误农时、因地制宜、加强管理、役不妨农、保护耕畜、充实劳力、违者处罚等一系列措施，使农耕经济在东北地区女真族的社会经济中的比重大大提高。农耕经济的发展，标志着女真民族由渔猎民族开始向农耕民族迈进。

经过长期努力，满族入关前的农业生产，无论从生产力水平、粮食产量

---

① 吴晗：《朝鲜李朝实录中的中国史料》，《李朝成宗实录》卷二六九，中华书局，1980年。
② 吴晗：《朝鲜李朝实录中的中国史料》，《李朝成宗实录》卷四五，中华书局，1980年。

和积储方面都基本达到自给水平。一入其境，"家家皆畜、鸡、猪、鹅、鸭、羔羊之属"，凡"禽兽、鱼、鳖之类；蔬菜、瓜、茄之属皆有"，产量则"粟一斗落种可获七、八石"，待秋收后或"埋于田头"，或输入家中，"掘窖以藏，渐次出食"，或置于仓中。都城赫图阿拉（今辽宁新宾）东门外有贮谷的公库。至于各家则"五谷满屯"，乃至于"日暖便有腐臭"之时。至皇太极晚年，盛京（今辽宁沈阳）及大小城堡、屯庄，只造酒一项，日用米"不下数百石"，一年的用量可达"数十万石"。[①]从中我们可以看出入关前的满族已成为"尚俗耕稼"之民。牧猎经济转向农耕经济之后，饮食文化的内涵也随之发生变化，如饮食结构、饮食习俗、饮食器皿、饮食方式、生产器具、生产与自然天时的对应，对外交流的内容，以及意识形态领域等都发生了变化。

1. 人员的迁徙复苏了女真的农业经济

明代东北地区的女真族分为三大部分：建州女真，分布在牡丹江、绥芬河和长白山；海西女真，分布在松花江沿岸；野人女真，分布在黑龙江和库页岛。由于原居地的自然条件日趋恶劣，蒙古族势力的频频东侵，明朝政府的抚绥政策，女真自身经济落后等原因，东北女真遂开始向南迁徙。

从明永乐、宣德年间至嘉靖末年的一个多世纪中，海西女真相继进入了呼兰河流域，而后继续南迁，定居于辽东都司近地，建州、海西女真则迁至邻近的先进民族地区。从明代女真人的发展进程来看，南迁为其经济的迅速发展提供了前提条件。迁后的居住地有良好的自然条件，有稳定的生活，使得女真人的农业经济逐渐复苏并有了较快的发展。明初女真人尚处在"稍事

---

① 鄂尔泰等修：《八旗通志》卷六十二《土田志一》，东北师范大学出版社，1985年。

耕种，以养马弋猎为生"的农牧猎混合经济状态，至明中叶，已是"屋居耕食，不专射猎"①。这说明他们已完成了向以农业为主导经济的过渡，加入了农耕民族的行列。

2. 铁制农具的输入加快了农业的发展

明为羁縻之政策，置马市于开原。永乐年间有马市三：一为开原南关；一为开原东卫里；一为广宁。开原南关马市，初一至初五开市一次，为五天。

马市分为"官市"和"私市"。"官市"是由官府购马，军用。"私市"较为热闹，是食物原料交换的主要场所。女真人出牛、马、羊、驴、牛皮、黑狐、水獭、貂鼠、人参、木耳、蘑菇、松子、蜂蜜、珍珠等优质土特产。汉人出米、盐、布、绢、绸、锅、衣服及犁等铁制农具等。女真族人有足够的土特产可与汉族人交换。其中马市上汉人输出女真的铁量巨大，一次就输出铁铧子469件，马市贸易的人数不断增多。少则几十，多则数百。万历十二年（公元1584年），海西女真都督猛古孛罗、歹商从广顺入市，一次竟达1100人之多。万历十一年（公元1583年）七月至九月，以及十二年一至三月的半年时间内，女真各部前来马市贸易达11870人次之多。随着马市的发展，女真经济不断增长，马市上的商品结构也逐渐发生了变化。明初之马市，女真多输入粮、布。中期则多为铁农具等农业生产资料。这些大量铁制农具的输入，为女真人发展农业提供了有利的条件。后来，女真粮食生产取得较大发展，甚至能输出粮食。

女真输入了诸多的铁制农具促进了东北地区的农业开发，也使女真人的

---

① 陈子龙：《明经世文编》卷二百三十二，中华书局影印本，1962年。

生计方式有了重大的改变，此时的女真社会"农人与牛，布散于野"，"土地肥饶，千谷其茂"。努尔哈赤曾说："尔蒙古国以饲养、牲畜、食肉以为生，我国乃耕田，植谷而生也。"表明明代末年女真已由狩猎民族转为农业民族。

明万历四十四年（公元1616年）努尔哈赤即汗位，在满洲建立了后金王朝，后由其子皇太极继位。到皇太极统治时期，农业变得更加重要，他已经认识到："民若不得耕种，国将何以为存？"把农业看作是国家的重要事情和立国之本。皇太极要求八旗兵在战争之余"治家业、课耕田地"。此时的渔猎业基本上已成为一种军事训练和娱乐性的活动，其生产功能已十分微弱，国家对狩猎业加以种种限制，任何人不得随意狩猎，甚至大贝勒代善还曾因擅自狩猎而受到处罚。因此来自狩猎的食物已变得极为有限了。

3. 渔猎、农耕色彩兼具的饮食器具

明代女真社会经济正处于由渔猎向农耕的过渡时期，渔猎经济流动性强，饮食器皿讲求便携、易制或耐碰撞；而农业经济相对稳定，对食器的要求往往限于廉价实用。因此，这一时期出现了渔猎、农耕色彩兼具的饮食器具。据《女真译语》记载，当时女真的炊具和餐具有：碗、锅、碟、盆、箸、壶、盘、瓶、桶、匙、酒盅、酒罐等器具；有银壶、金台盏、银台盏、金盆等金银器具。另据《清文鉴》记载还有桦皮桶、木瓢、树节瓢、桦皮篓、柳罐、大木碗等。其中，盆、壶、锅、瓶、酒盅、酒罐、银壶、金台盏、金盆等带有明显的农耕经济的特点，其他器具则是渔猎经济的反映。

为了适应狩猎生活，女真大多数家庭以木器和金属器具为主，只有个别首领才有一些金银餐具。金属器具中，又以铜器为主。铁器一直是禁运物品，因此，女真人十分缺乏铁质器具。他们只能通过与明朝互市、赏赐、走私等

方式获得，有时甚至铤而走险，通过抢掠来获得。女真进入辽东地区后，由于接近明朝和朝鲜，受其影响，在饮食器具方面有了很大的变化，尤其是在烹食器具方面改进很大，已经有了铁锅和铜锅。但由于战争等方面的原因，铁器仍是明朝和朝鲜禁运物品，因此，只有少数女真首领家庭才有铁锅。

二、贡赋制度与宫廷的奢华

1. 贡赋制度及食物的占有与分配

宫廷的食物资源来自贡赋，东北地区的各田庄、官庄、猎物向宫廷源源不断地提供贡品，使宫廷占有足量的、最优秀的食物资源。进贡给后金宫廷的食物主要有野味、家畜家禽和米面等。野味类食品有虎、熊、狍、獐、鹿、山羊、公野猪、野鸡、野鸭及苏子河和太子河所产的各种淡水鱼；家畜家禽类食品主要有猪、牛、羊、骡、马、驴、鸡、鸭、鹅及禽蛋等；米面类食品有玉米、稗子米、高粱米、荞麦、黄米、稷子米、糜子、黏玉米、黏高粱、小米、稻米。①这一贡赋制度在明代已经十分稳定，有清一代依然延续。

为了维持平安的现状，后金周边的一些民族和地区，往往每年或者每个季度都要向后金纳贡。如天聪九年（公元1635年）朝鲜王的春礼进贡中有胡椒、栗、枣、银杏、干柿子、螺蛳肉、天池茶、松萝茶等。同年十二月朝鲜王进贡的礼品中还有松子、榛子、胡桃、银杏等。②另外，各地方官员也要向

---

① 吴正格：《满族食俗与清宫御膳》，辽宁科技出版社，1988年，第30页。
② 吴晗：《朝鲜李朝实录中的中国史料》，中华书局，1980年。

后金贡献方物，如天命六年（公元1621年）五月十六日，盖州游击①张玉献粳米和盐；十七日，金州游击爱塔献大鱼、小鱼及樱桃；十九日，张游击献王瓜、樱桃、杏。

此外，食物资源也来自战争掠夺，后金统治者每次征战都会掠夺大量物品，如天聪六年（公元1632年）征讨察哈尔，一次获牛7339头、羊14450只、驼29峰、马骡59只。这些食品源源不断地流向八旗②，在八旗内部按等级分配，等级高的官吏分得物品就多，而八旗子弟又多居住于后金的政治中心，他们是食物分配制度的受益者。

2. 奢华的食器

在游牧民族向农耕民族转型时期，后金人所使用的饮食器具也体现出游牧文化与农耕文化相结合的特点。女真兴起之初，贵族们的饮食器具仍以铜、铁、木器为主，只有少量金银器皿。万历年间，朝鲜使者送给努尔哈赤兄弟一套铜碗、铜箸作为见面礼，表明当时铜器还很珍贵。随着后金政权四处征战取得节节胜利，获得的战利品和财富不断增多，宫廷贵族的饮食器具也日渐奢华。从天聪九年（公元1635年）八月二十二日皇太极赠给额驸班第及格格的饮食器具中便可窥其奢华，其中有：各四两火金脚杯二、各五两配有杯碟之杯两对、各四两银脚杯四、各五两配有杯碟之杯四对、贴石青人形杯二、并蒂杯、二十两之普通金壶一、三百两之银锅一、七十两之槽盆一、描金瓶二、各六十两之描金酒海二、各三十两之壶二、各四十两之普通茶桶

① 游击：后金、清代武职外官名，从三品，次于参将一级。
② 八旗是中国清代满族的军队组织和户口编制的形式。以旗为号，分正黄、正白、正红、正蓝、镶黄、镶白、镶红、镶蓝八个旗。后又增建蒙古八旗和汉军八旗。八旗官员平时管民政，战时任将领，旗民子孙世代当兵。

二、各二十两之贴珐琅壶二、大瓷盆二、大小瓷壶二十一、锡壶八、人形瓷器十二……作食器用之五十两带脚酒海一、四十两之有底酒海一、五十两之茶桶一、各十五两之碗二、各十两之碗二、各五两之大酒杯五、十五两之柄勺一、三十两之大盘一、各十两之皿二、十两之马勺一、各五两之酱油皿二、各二两之匙三、银把骨匙二、银把象牙筷子两双、铜马勺一、三两六钱之金杯一。这些赏赐的饮食器具，在质地上涵盖了金、银、铜、瓷等材料，在功用上包括烹食器、盛食器、酒器、茶具等物品，仅从名称来看，就能看出这些器物的做工十分奢华精致。①在这些金杯银盏中，贵族们尽享天下的美食。

---

① 佟嘉录、佟永功、关照宏编译：《天聪九年档》，天津古籍出版社，1987年，第103页。

第八章　清代清兵入关后的饮食文化交融

中国饮食文化史

东北地区卷

第一节　清兵入关与汉族人移民东北

清代是东北地区饮食文化历史发展的重要阶段。公元1616年，女真首领努尔哈赤建立后金政权；其子皇太极于公元1635年废除了"女真"的旧称，定族名为"满洲"；公元1636年，皇太极即皇帝位，改国号为清；公元1644年清军入关。以后，在清朝统治中国的两个多世纪的时间里对"龙兴之地"一直施行严厉的特殊政策，对东北地区的文化形态与历史发展产生了深刻的影响。清王朝统治下的东北大地，是个多民族杂居的地方，除满族、蒙古族、汉族以外，还有达斡尔、鄂伦春、鄂温克、锡伯、赫哲族等少数民族。各民族间文化交流不断加强，饮食文化既丰富多彩，又各具特色。这一时期关内汉族人口的大量流入，尽管有清朝政府的封禁政策，但并没能够完全阻止中原汉族向东北地区的迁徙，这使得清朝政府不得不在清朝后期废除了封禁政策。大批中原汉族移民在与当地的少数民族的相互交流中，对东北社会经济的发展起到了重要的推动作用。

图8-1 女真族崛起时期，其饮食习俗逐渐丰富，形成别具特色的满族饮食文化（《满洲实录》"额亦都招九路长见太祖"，李理提供）

一、清兵入关与东北地区少数民族的分布

顺治元年（公元1644年）四月，努尔哈赤第十四子多尔衮率领清朝满洲八旗、蒙古八旗、汉军八旗各部，经山海关进入北京，随即宣布"本朝定鼎燕京"①。

清兵入关迁都北京后，辽东地区骤然出现了人烟稀少、土地荒芜的萧条景象。东北满族争先恐后"从龙入关"，形成了举家西迁的不可遏制之势。日本人在《鞑靼物语》中记载了当时的情景："自鞑靼之都城（沈阳）以迄明都北京……溯旅程之起迄，凡经三十五六日，男女相踵，不绝于道。行李则俱用骆驼负送，亦有用马者，然其马并不施以鞍镫，但以布幅铺于腰脊，属之

---

① 《清世祖实录》卷五，中华书局，2008年。

以绳，而缚于马腹，其行李物品，皆显露在外面包裹也。"清朝政治重心的转移和辽东地区经济的凋敝，对东北地区的经济发展产生重大的负面影响。

这一时期，东北地区形成了一种新的民族分布格局。满族主要分布于辽沈地区，同时又有相当大的一部分迁入吉林和黑龙江，因此，满族几乎分布于东北各地。东北地区的蒙古族、锡伯族主要生活于嫩江流域和辽西地区。达斡尔、鄂温克和部分鄂伦春等民族分布在嫩江流域。赫哲族和费亚喀以及部分鄂伦春族主要分布于黑龙江下游及鄂霍茨克海滨海地区。回族、柯尔克孜族、朝鲜族以及大部分的汉族是后迁入东北地区的民族。清初，汉族主要集中在辽东地区，吉林和黑龙江地区主要是汉族流人。清中期以后，大批的汉族流民闯关进入东北，分布于东北各地，逐渐成为东北地区人数最多的主要民族。东北地区以满族为主的少数民族分布格局，使东北地区的饮食文化带有独特的地方民族特色，大批汉族的相继迁入，又使中原汉族的饮食习俗传入东北，极大地丰富了清代东北地区的饮食文化。

二、汉族移民对东北农业生产的影响

1. 汉族移民的组成

东北地区的汉族人主要是从中原各地迁徙而来的。这些汉族人主要有清初辽东招民垦荒时期迁入的汉民、清初的流人、清中后期闯关进入东北的流民，以及清末招民实边迁徙而来的移民等。

"流人"是指触犯清朝刑律及参加反抗清朝统治失败或受牵连、被清朝政府加上各种罪名流放到环境艰苦的边疆地区的罪犯及其家属。这些流人中政治犯较多，也有刑事犯，他们基本上都是中原各地的汉族人。他们来得最早，人数最多，成分也最复杂。"流民"系指不顾清朝政府的封禁令，闯关或偷渡进入东北的关内移民。导致大批移民的原因主要是清初期的土地兼并迫使大部分失去土地的饥民出走；还有就是来自山东、河北、河南等地迫于灾荒而离乡背井之人。这些汉族移民因生活所迫闯关进入东北，遍及东北三省，尽管清朝政府不断加强封禁东北的措施，"永行禁止流民，不许入境"，如乾隆二十七年（公元1762年）颁布了《宁古塔等处地方禁止流民例》等一系列条令，但进入东北地区的流民仍不断增多。面对这种情况，清朝政府有时也不得不实行"禁中有弛"的政策。如乾隆五十七年（公元1792年），直隶等省遭受水灾，出关到盛京、吉林和蒙古地方就食的汉族流民就有数十万人之多。到了清末，清政府实行弛禁和招民实边政策，使得来自中原地区的汉民急剧猛增，并且超过了当地的少数民族，成为东北地区人数最多的主要民族。这些来自全国各地的汉族人把家乡的美食风味带到了东北地区的，如北京的五味兼容、江南的精致甜美、陕北的浓郁味重、西南的红油辛辣等特色各显灵秀，使东北饮食文化得以不断深化、内容更加丰富、充实，极大地促进了东北饮食文化的发展。

同时，汉族移民也将内地先进的社会文化和物质文明带入东北地区。这些中原汉族移民大多被分给当地各族披甲人为奴，或在旗田、官庄、水师营、驿站等地种地当差，或自己开垦土地耕种，他们大多与当地各族人民朝夕相处，接触密切，文化的交流与融合即成必然。

2. 汉族移民对东北农业的影响

汉族人的迁入，使东北地区落后的农业经济发生了重大变化，大片的荒地被开垦，先进的生产技术被传入，农作物品种增多，粮食产量逐年增加，商业贸易及其他各业都有了不同程度的发展。

一是汉族人带来了中原农业先进的生产技术与耕作方式。顺治年间，宁古塔地区（清朝时期古地名，约今黑龙江省牡丹江市一带）的少数民族皆用较原始的"火田法"种田，这种耕作方式，每垧地的产量只有一石到两石。又如"蒙古耕种，岁易其地，待雨而播，不雨则终不破土，故饥岁恒多。雨后，相水坎处，携妇子、牛羊以往，毡庐孤立，布种辄去，不复顾。逮秋复来，草莠杂获，计一亩所得不及汉田之半"①。由此可见，其生产力水平还很低。汉人迁入后，广泛地使用了牛耕和铁制工具。并普遍采用了中原地区的"休闲法"和"轮作法"。"汉人之耕作分休闲轮作二法。若砂碱地则用休闲法，每年耕作一分，休闲一分；至轮作法最为普通，即高粱、谷子、黄豆之类，每三年轮作一次，又名翻茬，为与获茬互相轮种也。"②在汉族农民先进生产技术的引领下，当地少数民族的农业耕作水平有了显著的提高。"索伦达斡尔……近日渐知树艺，辟地日广。"出现了"一夫力作，数口仰食而有余"的可喜局面。

二是建立了以定居生活为基础的食物贮藏观念。游牧民族的一个典型特征就是不定时的移居生活，没有食物贮藏的观念，更没有相应的方法。而汉人的居住方式就是定居，他们带来了贮存粮食的观念与方法，带动了当地的少数民族向前迈了一大步。由于粮食产量的增加，东北地区各城先后建立了粮仓以储存粮食。使大量的粮食得以妥善保存。此后，东北地区一改历史上靠输入粮食维持的局面，并发展成为中国粮食和农副产品的主要输出地区。这些贮备下来的粮食，对缺粮地区的补给以及在实荒之年救荒都发挥了重大作用。如康熙四十二年（公元1703年）和乾隆十七年（公元1752年），山东等地遭受水旱灾害，民不聊生。清朝政府从东北调运大批的粮食到灾区，使灾

---

① 方式济：《龙江纪略》，上海古籍出版社，1993年。
② 方式济：《龙江纪略》，上海古籍出版社，1993年。

民得以渡过难关。据不完全统计，从乾隆到嘉庆时期，东北每年输出粮食多达数十万石甚至上百万石，这完全有赖于东北的粮食贮备。

三是与粮食业生产相关的其他行业兴起。与粮食生产十分密切的行业是酿酒业和榨油业。酿酒业是东北最大的，同时也是最发达的手工业部门之一，这是东北地区粮食产量充足的最直接的表现形式。从康熙中期东北地区开始向外输出大豆，大豆的丰产促进了榨油业的兴起。同治七年（公元1868年），英商在营口建立了机器油坊。光绪二十五年（公元1899年）到光绪二十八年（公元1902年），又有四家华商在营口设立了机器油坊，到公元1911年则已达到47家。这一时期粮食加工工业也获得了较大的发展。

四是东北的土地得到大量的开垦。汉族人的大量迁入，使东北地区的土地得到了迅速的开发，垦地面积急剧扩大。以雍正时期及乾隆时期东北北部部分地区八旗垦地及官庄垦地为例，雍正时期两地的八旗垦地已达180791垧，到乾隆四十五年（公元1780年），黑龙江地区的旗地已经增加到282403垧，除此之外，大批的汉族流民也开垦了大量的土地。到乾隆末年，黑龙江地区的土地开垦面积至少在30万垧以上。

第二节　清代东北地区的饮食结构、饮食习俗

清代初期，东北南部地区的满、汉等民族基本以粮食为主食，以肉菜等为副食。而北部地区的鄂温克、鄂伦春、赫哲等游牧渔猎民族则还是传统的以兽肉、鱼肉和牲畜肉为主食，粮食很少。随着满汉官兵的北迁戍边，加之大批中原汉族人的不断到来，这里的饮食结构也逐渐发生变化，粮食成为人

们的主食，肉菜则变为人们的副食。同时，蔬菜品种也不断增多。当时流人辟圃种菜，所产惟芹、芥、菘、韭、菠菜、生菜、芫荽、茄、萝卜、王瓜、葱、蒜、青椒等。粮食产量的增加和农作物、蔬菜品种的增多，极大地丰富了东北地区的主副食内容，丰富了民众的饮食生活。

一、各民族的主副食结构

1. 满族

清代满族的主食主要有面食、米饭和米粥。面食是满族最喜爱的主食，品种有豆面饽饽、豆包、豆面卷子、黏火烧等。满族米饭、米粥的品种很多，米饭有高粱米饭（又叫秫米饭）、小米饭、大小黄米饭（即糜米）、稷子米饭等。米粥有高粱米（秫米）粥、小米粥、小豆粥、杏仁粥、龙斗虎（高粱米与小米混合熬煮）、腊八粥等。

清初，宁古塔是满族人较多的地方，"开辟来，不见稻米一粒，有粟，有稗子，有铃铛麦，有大麦。稗则贵者食之，贱则（食）粟耳。近亦有小麦，卒不多熟，而（荞）麦亦堪与小麦乱也。瓜茄菜豆，随所种而获。"[①]可见这时当地满族人的饮食结构还较为单一。到了康熙年间，随着经济的发展及满汉等族人口的增多，宁古塔地区各族民众的饮食结构有所改变，粮食品种增多，仅谷类就有10种之多，满族的饮食越来越丰富。比如酸汤子、秫米水饭、小肉饭、萨其玛等，都是满族人的传统饮食。

满族食物以烧、烤为重，设大宴时多用烤全羊。满族先人祭祀时除用家

① 方拱乾：《绝域纪略·树畜》，上海书店，1994年。

禽、家畜肉外，还有鹿、獐、雁、鱼等。尤喜食猪肉。猪肉多用白水煮，谓之"白煮肉"。满人忌吃狗肉。

满族的日常生活中离不开蔬菜，杂以野菜，善用生酱（大酱）。吃饭时家家户户都有四样小菜，俗称"压桌菜"。如豆、酱、韭菜花和各种酱渍、盐渍小菜。其中有种植的蔬菜，如葱、韭、生菜、香菜、水萝卜、长瓜、回鹘豆、蔓菁、芹菜，还有黄花菜、蕨菜、明叶菜、灰灰菜、抱头菜、小根菜、猫耳朵、老母猪忽达、小叶芹、大叶芹、猴腿儿、红花根等各种野菜，其味清香别致，是满族家常小菜。

满族做豆酱的历史悠久，在其先民建立渤海国时就已经制作出了有名的"栅城之豉"，当时日本人称之为"招提豆酱"。满族人用焊熟的黄豆做成块，放在酱缸中发酵一个月即成。以酱做原料，可以制出许多美味的菜肴，靠山居住的，把许多山珍野菜做成菜酱，近水居住的，把鲜鱼做成鱼酱，肉酱、鸡蛋酱更是普遍。[①]

2. 达斡尔族

达斡尔族是居住在我国东北的古老民族之一，是从黑龙江流域迁到嫩江流域的民族。在这几个民族中，以达斡尔族的饮食习俗最具代表性。达斡尔族起初是游牧民族，其饮食结构以肉食为主；进入清代以后逐渐改以粮食为主食。早在黑龙江沿岸居住时期，达斡尔族就已经开始大量种植粮食作物。有文献记载，顺治元年（公元1644年），沙俄侵略黑龙江时，这里就已经"生长着六种作物：大麦、燕麦、糜子、荞麦、豌豆和大麻……还生长着蔬菜、

---

① 朱正义：《漫话满族风情》，辽宁出版社，2002年，第235页。

黄瓜、罂粟、大豆、蒜、苹果、梨、核桃和榛子。"①达斡尔族人在定居前多吃山野菜，南迁嫩江流域后，他们的生活发生了较大的变化，开始畜养家畜、家禽，如马、牛、羊、猪以及鸡等，开始种植五谷，也开始有了食谷的习惯。他们的主食以粮食为主，有稷子米、小米、黄米、燕麦（又名铃铛麦）以及荞麦等。达斡尔族的吃法有熟吃和生吃两种，熟食有煮、烤等方法，喜欢吃大块煮肉。每逢除夕过节，喜欢吃手把肉，即把带骨头的肉在锅中煮熟，盛在盆中端在炕桌上，用刀割着吃。吃时蘸韭菜花末或白菜末、盐末，味道鲜美。达斡尔人有生食的习惯，所谓生食即生吃野兽的肝、胃，认为这样能补养身体。

3. 鄂伦春族

生活在大兴安岭深山密林中的鄂伦春族则以肉食为主。他们常年以射猎捕鱼为业，捕猎的对象主要有野鸡、飞龙（大兴安岭森林留鸟）、沙鸡、树鸡等飞禽和狍、鹿、野猪、熊、狐、狼、虎、水獭、豹、灰鼠等野兽。日常主食则以狍、鹿、犴、野猪、熊肉为主，此外还有鱼及野菜、野果等，粮食很少。他们有时也用兽皮等与汉族商人换取粮食，但粮食在其饮食中所占比例很小。鄂伦春人对兽肉的吃法主要有三种，即煮食、烤食、生食。最普遍的食法是煮，煮时特别注重火候。烤的方法也非常独特，把木棍的两端削尖，把肉切成片，穿在上面。再把这木棍插在篝火旁，以火烤之，待肉片的外表烤得金黄冒油，但肉片不十分熟时就可以吃了。鄂伦春人还有一个特殊吃法就是生食野兽肝肾。

---

① 《关于文书官瓦西里·波雅尔科夫从雅库次克出发航行到鄂霍次克海的文献》，《历史文献补编（十七世纪中俄关系文件选译）》，商务印书馆，1989年，第2件第13页。

4. 蒙古族

蒙古族主要以游牧业为主，其饮食结构带有鲜明的游牧民族特色。蒙古族一般不食马肉，日常主食主要以牛、羊肉及乳制品为主，也食用炒米等谷物粮食。蒙古族每日三餐都离不开奶与肉，二者素有"白食""红食"之称。所谓"白食"是蒙古人民喜欢吃的奶食品，蒙语为"查干伊德"，意思是纯洁、崇高的食品。蒙古族尚白色，在招待尊贵的客人时主人首先要敬献白食待客。"白食"分为食品、饮料两种，奶制食品有：奶豆腐、奶酪、奶酥、奶皮、奶油、黄油、奶渣子、黄油渣子、白奶豆腐等。奶制饮料有鲜奶、奶酒、混合回锅酒等。"红食"是肉食品，蒙语为"乌兰伊德"。传统肉制品为"手把肉"、烤肉、肉干等。随着整个东北地区的经济发展，部分蒙古人开始兼营农业，由于饮食风俗受到满、汉等族的影响，其饮食结构开始发生变化。稷子米、小米、荞麦面及黄米面、黏豆包等逐渐成为其主食，但肉奶制品仍然是其饮食的重要组成部分。

图8-2 清乾隆款粉彩多穆壶（李理提供）

5. 鄂温克族

鄂温克族名始见于清代，"鄂温克"是民族自称，意为住在大山林里的人。他们过的是游猎生活，所以他们是以肉类食品为主食，特别注重鲜食，喜欢吃"手把肉"。同时也吃采集来的山野菜、蘑菇、木耳等。民国学者赵铑在《索伦纪略》中记载了鄂温克人是两餐制，"*两餐殆皆鸟肉之肉，夏历八月至翌年三月，在其地为常冻期，存蓄肉类不虞腐也。饮料多为白驼及牛马之乳。至其饮食之法，则多浅食，一鼎一槎烧煮而已，至为简单*"。

6. 锡伯族

锡伯族是居住在黑龙江嫩江流域的一个古老民族。其饮食习惯是以食谷为主，肉食为辅。"发面饼"是其最有民族特色的面食。锡伯族人冬天喜欢喝"五他"，即油茶。副食中最有特色的是锡伯族人腌制的咸菜。每年秋季，他们都会用韭菜、青椒、芹菜、包心菜、胡萝卜制成"哈特混孛吉"，以备日常食用。

7. 赫哲族

赫哲族人主要从事渔猎生产，日常以鱼为主食，也习惯以鱼待客。特别是以杀生鱼为敬，赫哲族把杀生鱼叫"塔拉卡"，一般以新鲜的四季鲤或鲟鱼、草鱼、鳇鱼为原料，切成鱼丝再调味即好。

8. 柯尔克孜族

生活在东北的部分柯尔克孜族人在游牧生活阶段以肉类为主食，多吃狍肉、黄羊肉、牛肉、羊肉等，吃法是"手扒肉"。把狍子或黄羊剥皮取出内脏，整个放入锅中清煮，不加任何调料。煮熟后，从锅中取出放入大容器中，大家围坐在一起，或用刀割，或用手撕，蘸盐面或调料食之。定居以后开始耕田，饮食习俗也发生变化，逐渐以谷物为主。奶制食品是传统食品，主要有：奶皮子、奶豆腐、黄油、酸奶干子。平时饮的是鲜奶和酸奶，特别喜欢用鲜奶和酸奶拌稷子米饭吃。喜欢喝奶酒和白酒。

9. 朝鲜族

朝鲜族是清朝末年迁入东北地区的少数民族，他们的饮食习惯也是多种多样。朝鲜族人精于种稻，日常主食是大米。最有民族风格的食品是特制的糕饼、糖果和冷面。糕的种类繁多，有用米和米面做的打糕、片糕、切糕、散状糕、发糕等。朝鲜族人特别喜欢吃狗肉，特别是三伏天，喝狗肉汤成为一种习俗。"生拌鱼"是朝鲜族喜欢吃的一种生鲜食品，其制法是把活鱼剥皮，去骨剔刺，然后切成薄片，再放作料调味即成。腌制辣白菜是朝鲜族饮食习俗中最具特色的食品，其制作方法有十多种，一般以秋白菜为原料，经浸泡、盐渍、密封后即成。

10. 回族

回族原本不是东北的祖居民族，清代迁到东北地区后，始终保持着浓郁的民族特色。其饮食别具风格，专一清真。主食是米饭和面食，辅以羊、牛、鸡、鸭、鱼肉和各种蔬菜。忌食猪、马、骡肉和一切凶猛禽兽之肉，忌食动物的血和自亡动物的肉。回族的小吃丰富多彩，品种繁多，大致可分为面类、黏食类、糖食类、凉粉类、肉食类、流食类等多种。其味道酸、甜、辣、咸俱全，其颜色有白、黄、红、绿，可说是色、味、香俱佳。

此外，东北地区还有费雅喀、库页等其他族群，主要从事渔猎业，经济发展较为落后，因此其饮食也较为原始。他们的食品主要以鱼肉和兽肉为主，粮食很少，同时辅以一些山菜、野果等。夏秋季时他们将鱼肉和兽肉晒成鱼干及肉干，以备冬季及平时食用。归附清朝后，他们的饮食风俗开始受到满族的影响，但并没有改变其原有的饮食风俗。

清代东北地区各民族的饮食方式和饮食风格可以说是千姿百态，各具特色。但总的来看，满汉两族的饮食方式和饮食风格对东北其他少数民族产生了强烈的影响。这种各民族间的相互影响和交融，极大地丰富了清代东北地区的饮食文化。

11. 东北地区各族共享的果蔬资源

东北地区还有一些各族人民共享的果蔬、豆类等主副食资源。

东北地区夏季温暖短暂，冬季寒冷漫长，既不利于蔬菜瓜果的生长，又不利于储藏，因而清初东北地区蔬菜瓜果品种较少、产量较低。随着汉族的大量迁入和经济的发展，东北地区的蔬菜瓜果也逐渐增多，成为人们餐桌上的必备佳肴。清代东北地区的蔬菜品种主要有白菜、黄瓜、萝卜、芥菜、茄子、豆角、土豆、青椒等。

清代东北满汉等族常吃的蔬菜是大白菜，以及将大白菜发酵渍成的酸菜。窖贮的大白菜及酸菜食用时间可达半年以上。为解决寒冷的冬季和早春、晚秋淡季吃蔬菜困难的问题，东北各族人还把大量的鲜菜用盐腌渍成咸菜，用料主要有白菜、黄瓜、萝卜、芥菜、茄子、青椒等。另外还晒制成各种干菜，多以豇豆、芸豆、倭瓜、茄子等切成片、丝，晾晒阴干而成，均备无青菜时之需。土豆、萝卜、大白菜、酸菜、咸菜及各种干菜是冬季东北各族主要的蔬菜食品。东北地区盛产大豆，因而东北人非常喜欢吃豆制品。东北的豆类食品主要有豆制大酱和豆腐。豆腐是东北人常用的副食，一年四季都有，尤以冬、春季为多。豆腐分大豆腐、干豆腐和冻豆腐等多种。

清代东北地区各种干果、鲜果的资源非常丰富，干果、山货有榛子、蘑菇、松子、木耳、山野茶等。水果有李子、山里红、山楂、苹果、梨以及人参、蜂蜜等。东北冬季最有名的是冻梨，这是东北满汉及其他各族人节日的常备水果。甚至清朝的王公显贵每年都要令人从东北运送大批冻梨进北京，以供其享用。东北人还喜欢吃蜂蜜，他们最初是到山里野外采集蜂蜜，后来便大量养蜂取蜜。清朝政府还专门在东北设有蜂丁，清入关之后仅内务府所属的蜂丁就不下数百名。蜂蜜可单食和用以制作各种糕点，还可以蜜渍各种瓜果成为果脯、蜜饯，如蜜饯山里红等。

二、饮食习俗及其特点

东北地区各民族的饮食习俗在清代发生了较大的变化，由于受到汉族移民饮食文化的影响，各少数民族改变或部分改变了自己的饮食方式，饮食习惯的文明程度有了明显的提高。此外，中原地区汉族的节日食品，如元宵、端午角黍、中秋月饼等，也都成为东北少数民族的节日佳品。其中，满族的饮食方式在东北地区起着主导作用。

在食品加工、制作以及炊餐具的使用方面，也都体现了文明与进步。清初东北的粮食加工较为原始，如宁古塔等地的粮食加工最初"手不碾而舂，舂无昼夜，一女儿舂，不能供两男子食，稗之精者至五六舂。"[①]后来逐渐改用碾子等加工米面，大大加快了出面的速度。食品制作方面，满汉等族主要采用煮蒸等方式将米做成米饭或粥，但多是做成半生不熟而食之。清代东北人做饭主要以柴草和木材等为燃料，蒙古族、达斡尔等族主要以干牛粪等作为

---

① 徐宗亮等：《黑龙江述略》，黑龙江人民出版社，1985年，第112页。

燃料，用以烧水、煮肉、熬奶。在入清之前，东北的一些少数民族部落没有铁锅，做饭、煮肉、熟物等采用"刳木贮水，灼小石，淬火中数十次，渝而食之"[①]的方式。进入清代以后，他们大多开始用铁锅或瓦盆等做饭煮肉。

东北地区诸多少数民族的饮食生活在有清一代体现出了如下特点：

1. 地处严寒，流行火锅

在长期的生产生活中，东北各族人民也逐渐总结出一系列食品烹饪技术和形式各异的风味小吃。它们大多都受满族饮食制作习俗的影响，形成具有东北特色的饮食文化风格。如吃火锅、黏豆包、萨其玛、酸汤子、稷子米、手扒肉等等。

火锅属于炖菜，其历史悠久，远在1400多年前的辽代初期便有了火锅的记载，它是满族祖先的传统食俗。清代火锅一般以铜锅盛汤，其下置炭火，汤中配以酸菜、白菜、粉条等，用来涮猪肉、羊肉、鸡肉、鱼肉，有时还有野

图8-3 清晚期铜胎画珐琅人物纹火锅（观复博物馆提供）

[①] 方式济：《龙江纪略》，上海古籍出版社，1993年。

鸡肉、狍子肉、野鹿肉及飞龙肉等；还有的用蘑菇调汤，如榛蘑、元蘑、草蘑等，味道醇厚。清兵入关后，满族火锅遂成为风行全国的具有东北特色的经典菜肴。

2. 喜食蒸黏点心

满族人喜欢吃黏食，传统食品的饽饽、打糕、淋浆糕、盆糕等都是黏食。

"饽饽"是满族人对馒头、包子等面食的统称。饽饽的式样很多，因为它便于携带并且经饿。八旗兵打仗时用它做军粮。它至今仍是满族人待客的最好主食。因季节不同做法有别，春做豆面饽饽，夏做苏叶饽饽，秋冬做黏糕饽饽。"豆面饽饽"是将大黄米或小黄米用水浸泡磨面蒸成。同时将黄豆炒熟磨面，饽饽蘸豆面，呈金黄色，又黏又香。"苏叶饽饽"是将黏高粱米用水浸泡磨面，将小豆煮烂成泥，与高粱米面共包入苏叶中蒸成。苏叶，为农家所种，味清香。"黏糕饽饽"也是将大黄米、小黄米用水浸泡磨面蒸成，内可夹小豆泥，食用时蘸糖或油煎。

"打糕"，是用黏高粱米、大小黄米、江米为原料做成的，做法是先把米蒸熟成黏饭，取出淋以清水，再放在打糕石上用木榔头锤成团面，做时要撒拌熟的黄豆粉，便可制成各式饼类。吃时，可蘸蜂蜜或糖食用，十分可口。《清稗类钞·饮食类》："有打糕，黄米为之精。有饼饵，无定名，入口即佳也。多洪屯有蜂蜜，贵人购之以佐食"。

"淋浆糕"，原料是秫米面、黄米、江米面三种面。做法是将面搅拌均匀后，舀到面袋中，加水，将淋成的汁洒滴在容器里，淋好后，上屉蒸熟，切成方块或菱形块即成。其质地松软，味道香甜。

"馓糕"，原料是秫米面。做法是将屉置于锅上，按屉面大小，先撒上一层小豆，然后撒上一层秫米面，蒸熟后再撒第二层，一直撒到与屉帮大体相同的高度为止，最上面再铺上一层小豆，其味甘美。

"盆糕"，又称黏谷糕。其做法与馓糕相同，只是把笼屉改成了陶制的、底部有若干小孔的"蒸笼"，糕做成后，将盆倒扣在案子上，整个糕呈半圆形，吃时用刀切成片，卷上白糖，故也叫"切糕"。

"萨其玛"是满族的代表性食品。制作时，先将鸡蛋和白面和匀做成细条，用豆油炸熟，再掺以蜂蜜、白糖、瓜子仁，做成糕状；再在糕面撒上青红丝，其味香甜可口。不仅满族喜欢这种食品，东北其他民族也都喜欢。

3. 酷嗜酸味，亦爱粒食

"酸菜"是东北人最爱吃、最普遍的蔬菜，是用大白菜发酵渍成的，经常与粉条、猪肉一起做成"熬酸菜"。酸菜也可以保存较长的时间，是鲜菜不接时的补充。

"酸汤子"是满族人夏天喜欢吃的一种食品，分清汤和混汤两种：清汤的即是把汤条（用玉米水磨发酵后做的粗面条）捞出后，再拌以蔬菜或作料；混汤则是把汤条和汤混合盛出。酸汤子味酸甜，夏日吃起来特别爽口，也很受达斡尔等族的喜爱。

"稷子米"是达斡尔、蒙古等族喜欢吃的一种食品。清康熙年间进士方式济在《龙沙纪略》中对其有所记载，清代稷子米的做法是"夏秋间，以未脱者入釜，浅汤熟镬，暴以烈日，焙以炕火，砻（lóng）而炊之，香软可食。冬则生砻，香稍减"[1]。这种食品为满族、鄂温克等族所喜爱，在东北少数民族地区很流行。

---

[1] 方式济：《龙江纪略·饮食》，黑龙江人民出版社，1985年。

4. 喜食手扒肉、乳酪

清代东北各族中，从事游牧狩猎的民族盛行"手扒肉"的菜肴，其做法和吃法是：把带肋骨的羊肉切成巴掌大小的肉块，放作料煮熟，不用刀箸，手抓而食之。蒙古族人还能把乳加工成酥、酪和乳饼。元代农学家鲁明善在《农桑衣食撮要·造酪》中记载了蒙古人的造酪方法："奶子半勺，锅内炒过后，倾余奶熬十沸，盛于罐中，候温，用旧酪少许于奶子内，搅匀，以纸封罐口，冬月暖处，夏月凉处，顿放则成酪。"如果"将好酪于锅内，慢火熬，令稠，去其清水，摊于板上，晒成小块，候极干，收贮。切忌生水湿器"，就制成了干酪。酥油、乳饼的制法也有许多工序，酥则是从酪中提取的精华部分。

5. 祭祀、设宴喜用猪肉

汉族、满族都喜欢吃猪肉，每逢年节及喜庆日子总要杀猪，全家或亲朋好友聚集一堂共吃猪肉。满族信奉萨满教，他们在祭祀祖先跳神时要杀纯色黑猪作祭品，祭祀跳神完毕后便要举行"吃猪肉大典"。康熙年间随父吴兆骞流放宁古塔的吴桭臣对当地满族人的萨满教祭祀活动进行了较为详细的记载。宁古塔满族"凡大小人家，庭前立木一根，以此为神。逢喜庆、疾病，则还愿。择大猪，不与人争价，宰割列于其下。请善诵者，名'叉马'，向之念诵。家主跪拜毕，用零星肠肉悬于木竿头。将猪肉、头、足、肝、肠收拾极净，大肠以血灌满，一锅煮熟。请亲友列炕上，炕上不用桌，铺设油单，一人一盘，自用小刀片食。不留余，不送人。""有跳神礼，每于春秋二时行之……西炕上设炕桌，罗列食物。上以线横牵，线上挂五色绸条，似乎祖先依其上也。自早至暮，日跳三次。凡满、汉相识及妇女，必尽相邀，三日而止，以祭条相馈遗。"①这种习俗是清代满族所特有的饮食文化与宗教文化相结合的产物。

满族的贵族之家有大祭祀或喜庆事时，则要设肉食宴会。主人在院中搭一个高于房子的芦席大棚，院内遍地铺芦席，客人入座后，主人端上一方约十斤的猪肉，放在直径二尺的铜盘内。主人不备筷子，客人用自备手刀，自己片自己吃。在肉食菜肴中还有凉肉、坛焖肉、烤炉肉、烤子油猪、燎毛猪、锅贴肉、烀白肉、血肠、全猪席等。

6. 善吃鱼

满族先民曾长期从事渔猎活动，积淀了丰富的鱼文化。他们知道不同的鱼哪些部位最好吃，他们说："鲫鱼肚，虫虫嘴，熬花身子，鲇鱼尾，胖头的脑袋味最美，湖鲫吃脊肉，红尾美味在汤水。"在此基础上，孕育出满族丰盛的鱼宴，如鳇鱼宴——有鱼肉丸子、煎鱼肉片、鱼馅饺子等。满族的生鱼席一般多用鲟鱼、鳇鱼、胖头、草根等。②

三、餐具、餐制和宴饮仪礼的变化

1. 餐具使用的变化

清代东北地区炊餐用具发生了较大的变化，据方式济《龙沙纪略》记载："东北诸部落未隶版图以前，无釜、甑、罂、瓿之属。熟物，刳木贮水，灼小石，淬水中数十次，瀹（yuè）而食之。商贾初通时，以貂易釜，实釜令满，

---

① 吴桭臣：《宁古塔纪略》，黑龙江人民出版社，1985年。
② 朱正义：《漫话满族风情》，辽宁出版社，2002年，第236页。

一釜常数十貂。后渐以貂蒙釜口易之。三十年前，犹以貂围釜三匝，一釜辄七、八貂也。今则一貂值数釜矣。"在这里，通过貂皮与锅之间交换值的变化可以看出，锅这一炊事用具从无到有、从少到多的过程。当时使用的一些餐具主要是木质的，"自昔器皿如盆、盘、碗、盏之类，皆刳木为之，数年来多易以瓷，惟水缸、槽、盆犹以木"[①]。由此可见，清初东北各族民众所使用的炊具除木制外，也有一些瓦器。大量使用木制饮食用具，一方面是为了便于携带，不易损坏，符合游牧民族远程射猎的需要。另一方面是进入东北的铁器较少。当时东北人所使用的木制炊具主要有木杓、木碟、木桶、术盆、木盂等。《清稗类钞·饮食类》载："凡器，皆木为之……大率出土人手，匕、箸、盆、盂，比比皆具，大至桶瓮，高数尺，亦自为之。"而赫哲、鄂伦春等族则使用以桦树皮等做成的餐具。随着汉族的迁入和经济的发展，特别是铁质炊具的传入，引起了他们在饮食方法上的变化。东北地区的铁制、瓷制、陶制餐具日益增多，铁锅、陶缸、瓷盆、瓦盆等越来越普遍，但在偏远地区的少数民族中，木器仍然是主要的餐具。东北各族民众炊事用具的变化，反映了饮食文明的演进。

2. 餐制及用餐方式的变化

作为东北地区的大族——满族，其先世在渔猎时代进餐无定制，这主要是由渔猎的生产方式决定的。渔民、猎手们在劳动过程中，经常是随时啃几口肉干、鱼干或干粮，喝上几口山泉水，名为"打尖"。等到太阳落山后，再笼起篝火，燔烧猎物，美其名曰"天水肉"。进餐时，大家不分你我，共同享受野味，饱食痛饮之后，便一起载歌载舞，尽兴而归。努尔哈赤建立后金政

---

① 杨宾：《柳边纪略》卷4，黑龙江人民出版社，1985年。

权之后，满族生产转向农耕经济，但狩猎时代的进食风俗仍然保持着。满族人家举行宴会时常常在野外，在地上铺一块兽皮，众人围坐，席地而餐，餐到兴头上，还以歌舞助兴。

满族入关后，长期稳定的农耕生活使他们的餐制发生了变化，经年久月养成了一日三餐的饮食习惯，并一直沿袭下去。但在关外的乡间，满族在冬令时节经常还是一日两餐，即上午、下午各一餐。这是因为东北冬天夜长昼短，农活极少之故。

其他少数民族虽有各自的进食特点，但在满汉等族的影响下，其用餐方式也逐渐与满汉等族相接近。东北地区各族民众的用餐类型主要有日常用餐、节日宴饮、待客宴会以及宗教祭祀用餐等。满汉等族平日用餐一般都是在室内火炕之上，放一小炕桌，桌上放置饭菜等食品，家人盘腿坐炕上围桌而食。这种用餐习俗逐渐为东北其他民族所接受，成为东北地区较为普遍的用餐形式。

3. 宴饮礼仪的变化

满族对宴席的礼仪特别重视。《柳边纪略》记载："宁古塔宴会，以十二簋为率，小吃之数亦如之，争强斗胜，务以南方难致之物为贵，一席之费，大约直三四金。满洲则例用特牲，或猪、或羊、或鹅，其费更甚。""每宴客，主人先送烟，次献乳茶，名曰奶子茶，次注酒于爵承以盘，客年差长，主长跪以手进之，客受而饮，不为礼，饮毕乃起。客年稍长于主，则亦跪而饮，饮毕客坐，立乃起。客年小于主，则主立而酹客，客跪而饮，饮毕起，而坐与席。少年欲酹同饮者，与主客献酬等。妇女出酹客亦然，是以不沾唇则已，沾唇不可辞。盖妇女多跪而不起，非一爵可已。又客非惧醉而辞，则主不呼妇女出，出则万无不醉者矣。凡饮酒时不食，饮已乃设油布于前，名曰划单，即

图8-4　清龙头纹银壶（李理提供）

图8-5　清乾隆年间铜胎画珐琅开光仕女
婴戏纹小瓶（观复博物馆提供）

古之食单也。进特牲，以解手刀割而食之。食已，尽赐客奴，奴席地坐，叩头，对主食不避"。不难看出，上升为统治地位的满族的宴会是很讲究的，这已不是当日的游牧野餐。从宴席的规格、礼仪到菜式的品种，已是今非昔比。饮食品种丰富，造价昂贵，讲究礼仪。

　　清代满族及其先民一直信奉萨满教，其家族祭祀活动十分盛行，祭祀时

图8-6　清掐丝珐琅宝相花大冰箱（李理提供）

图8-7 乾隆皇帝率内
外王公、文武大臣于紫光阁
筵宴，其宴会场面十分盛大
（《紫光阁筵宴图》，李理提
供）

要跳神，在跳神前还要先酿酒。《龙沙纪略》载："黄米，酿米儿酒，阅日而
成。糜亦堪酿，味甘而薄。祀神用之，取其速成而洁，有醴酒之遗意焉。"
《宁古塔纪略》亦载："有跳神礼，每于春秋二时行之。半月前，酿米儿酒，如
吾乡之酒酿，味极甜。磨粉做糕，糕有几种，皆略用油煎，必极其洁净。猪、
羊、鸡、鹅毕具。"杨宾在《柳边纪略》中对此也有记载，即满族跳神时的
供品是"猪肉及飞石黑阿峰，飞石黑阿峰者，黏谷米糕也。色黄如玉，质腻，
掺以豆粉，蘸以蜜。跳毕以此遍馈邻里、亲族，而肉则拉人于家食之，以尽
为度，不尽则以为不祥"。

　　满族宫廷宴会有明显的促和目的，宫廷宴会规模庞大，努尔哈赤时，元
旦设百席，大宴群臣，借此联络满蒙官员之间的感情。到皇太极时，宴会规
模更加庞大。天聪九年（公元1625年）正月初四，皇太极为笼络蒙古王公，以
四猪、二鹿、十狍之肉，备宴五十桌，招待蒙古科尔沁、旧察哈尔、喀尔喀、
喀剌沁、土默特及阿禄之诸贝勒、台吉等。满蒙官员团聚一堂，消弭矛盾和
误会，促进民族间的团结。

图8-8 乾隆皇帝十分孝敬母亲，在皇太后诞辰日庆典上，他亲自把盏敬酒，恭祝母后吉祥（清《慈宁燕喜图》，李理提供）

第三节　清代东北地区的烟、酒、茶文化

烟、酒、茶是东北地区各族人所喜欢的特嗜品，并形成了区域性的生活习俗，反映出东北各族民众社会交往和社会生活的一些侧面。

一、烟草的传入和东北人的吸烟习俗

早在清入关之前的满族兴起之时，烟草种植技术便由朝鲜传入，并为满族所接受。吸烟最初是八旗将领，后逐渐扩散。受其影响，清代东北其他各民族也吸烟。满族吸烟尤甚，不分男女老幼都有吸烟的习惯，因此，清代东北吸烟之风极其普遍。17世纪中叶，清政府颁布开垦令，山东、直隶（今河

北）的移民进入东北，带来部分烟籽，在东北开始种植晒烟，东北地域辽阔、气温适宜，加上适中的雨量，疏松的土质，晒烟种植业很快发展起来。东北人将这种烟草称为"蛤蟆烟"，又称"红烟"，亦称"关东烟"。当时东北出产的关东烟在全国都小有名气。

东北人吸烟有旱烟、水烟两种，以旱烟最为普遍。东北地区男女吸烟一般都用被称为"烟袋锅"的烟具。"烟袋锅"由烟锅、烟杆和烟嘴三部分组成，烟锅用来装燃烟丝，烟杆用来传滤烟气，烟杆有长有短，上面常常挂着装烟的袋子。据《清稗类钞》记载："康熙时，士大夫无不嗜吸旱烟，乃至妇人孺子，亦皆手执一管，酒食可缺也，而烟决不可缺。宾主酬酢，先以此为敬。光绪以前，北方妇女吸者尤多，且有步行于市，而口衔烟管者。"在清代的东北民谣中有"三大怪"之说，即"窗户纸糊在外，十七八的姑娘叼个大烟袋，养个孩子吊起来"，可见大姑娘叼烟袋已成东北的一大风习。东北人吸烟无定时，劳作、休息，甚至吃饭、睡觉前后都要吸烟。东北人非常好客，

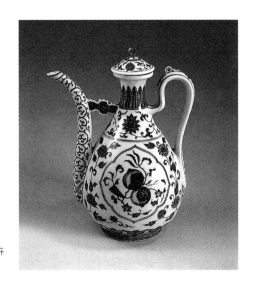

图8-10　清乾隆款青花花卉
执壶（李理提供）

满族、达斡尔族等常常以烟敬客。每当客人到家里拜访时，主人要先将装满烟并点燃的烟袋锅给客人吸食，或为客人装烟。每逢节日的时候，东北人中的晚辈也要为长辈装烟，以示尊敬。

清代东北人吸烟的习俗，往往与其喝茶饮酒的习俗相随相伴。它从一个侧面反映了当时这一地区的人际交往关系及其相应的社会习俗，因而成为清代东北饮食文化的重要内容之一。

二、清代东北的茶、酒文化

东北地区是冬季漫长的高寒地区，清代这里又是游牧渔猎等少数民族较多并且较为集中的地区，在少数民族日常饮食中肉食又较多，因而茶酒便成为当地各族必不可少的饮料，饮茶饮酒习俗便成为清代东北饮食文化的重要内容。

1. 茶文化

茶叶具有提神、解渴、消肥除腻等多种功效。清代东北的少数民族大多喜欢吃肉奶类食品，因而对茶叶情有独钟。清代东北地区对茶叶的需求量不断扩大，东北人饮茶的品种以红茶和花茶为主，此外还有奶茶、糊米茶及茶食等。

由于东北地区交通闭塞和运输困难，清初这里的茶叶很少，喝茶极其困难。自茶叶传入东北后，才有了茶饮。茶叶的传入主要是与中原汉族的物物交换和随着中原汉族的迁入带进满族早期喝的一种"糊米茶"，并不是真正的含茶饮料，只是把粟米炒煳了冲水喝。但是这种"糊米茶"味道醇厚，开胃健脾，有助消化，不仅满族人爱喝，其他民族也很喜欢喝。

以游牧为生的蒙古族喜饮奶茶及马奶子酒。奶茶是用青砖茶或黑砖茶熬熟后去残渣，加鲜牛奶或羊奶，每人早晚各喝两碗。[①]达斡尔、鄂温克及部分鄂伦春族等也饮用奶茶。满族过去不饮奶茶，后来也开始喜欢饮奶茶。

在寒冷的冬季，满族人喝茶时还喜欢佐以"茶食"。"茶食"最早来源于满族的祖先女真人，做法是将面和好后用油炸，再用蜂蜜涂拌而成。据《清稗类钞》记载：满族"俗于熟点心之外，称饼饵之属为茶食。盖源于金代旧俗，婿纳币皆先期拜门，戚属偕行，男女异行而坐，进大软脂、小软脂蜜糕人一盘，曰茶食"。

2. 酒文化

清代东北地区的各族大多喜欢饮酒，他们或以酒御寒，或以酒祭祀祖先神灵，或以酒会客。每逢节日或喜庆宴会，酒是必不可少的饮料。清代东北

---

① 赵翼：《簷曝杂记》卷一《蒙古食酪》，中华书局，1982年。

地区的酒有白酒、黄酒、米儿酒和奶子酒等，其中清初的宁古塔烧酒较为有名，俗称"汤子酒"，又叫"满洲烧酒"。清朝末年俄罗斯等外国人进入东北后，啤酒、果酒等也成为当地的饮料之一。

清代东北的酒主要是用粮食发酵酿造而成，也有用马奶等为原料发酵酿造马奶子酒。用高粱酿制的酒叫高粱酒，俗称"白干"。黄酒是以黄米等为原料酿制的。米儿酒则是以谷、麦等粮食为原料酿造而成。米儿酒的制作方法非常简单，可以朝酿而夕饮，其味甘甜可口，有助于消化。《扈从东巡附录》中介绍了这种酿酒的办法："饮谷为糜，和以曲蘗，须臾成酝，朝酿而夕饮，味少甘，多饮不醉。"由于早期满族的制酒工艺极为简陋、随意，所以，一般家庭都可以自制。

东北人有以酒待客的习俗，每当家里来客人时，主人都要拿出家里最好吃的东西款待客人，而其中最重要的就是酒，可谓"无酒不成席"。

总之，吸烟、饮酒、喝茶是清代东北地区各民族在长期的生活与劳作中形成的习俗，它既有中原汉族风俗北传的因素，也受东北满族习惯的影响，还有东北蒙古等族自身的传统。这几种习俗文化的相互交融和影响，最终形成了一种具有东北地域特色的烟酒茶习俗，使清代的东北饮食文化得到了丰富和发展。

第九章

清末至中华民国时期的经济发展与日本的入侵

中国饮食文化史 — 东北地区卷

第一节　东北的农业及粮食加工业的发展

　　19世纪末叶至20世纪中叶，东北地区的土地开垦面积大幅度增加，土地集中非常严重，在土地集中过程中，出现了一批大地主。甲午战争后，帝国主义对中国的投资侵略，一方面使中国的财政金融命脉逐步为帝国主义所控制，另一方面也刺激了中国民族资本主义的初步发展，东北地区的民生与民食也随着时代而变化着。

一、19—20世纪东北土地的开发

　　1894年的甲午战争和1904年—1905年的日俄战争后，东北地区的民族危机加深，从增加财政收入和抵御日俄的侵略出发，清政府实行实边裕饷，东北封禁政策全面松弛。光绪二十八年（公元1902年）二月，吉林将军长顺奏："吉省帑项奇绌，拟请清查田赋，勘放零荒，并将昔年所占旗地，一律查丈升科，以裕饷源。"[①]光绪三十年（公元1904年）黑龙江副都统程德全提出了"旗

————————

① 《清德宗实录》卷四九六，中华书局影印本，1987年。

民兼招，无分畛（zhěn）域"的方针，用以鼓励民众积极领垦。[①]当时的朝廷也意识到"东省积弱之故，首在土旷人稀，吉、江荒凉尤甚，东南、东北沿边数千里毗连俄、韩……对岸则屯堡相望，星罗棋布……有越畔之思……我则空虚少人烟……有土无人，尤自弃也……非大开例禁，鼓励移民，则其余拓植之方，均为无术。"[②]政策的转变，促进了东北土地开垦向纵深发展。吉林省从光绪末年到公元1906年6月底，共放出荒地134230垧，熟地3746垧；黑龙江的官荒放垦始于呼兰地区，通肯地区（包括今海伦、望奎、绥棱等地）在19世纪90年代陆续放垦。公元1904年以后，黑龙江进入全面放垦时期，到公元1910年，已放毛荒750390垧。

面对沙俄咄咄逼人的侵略气焰，清政府对蒙地也采取移民实边，以加强对边疆的控制。到宣统三年（公元1911年）共丈放荒地6586416垧。随着蒙地的开垦向民地转化，蒙旗农业人口和农业生产得到进一步增长。人口密度由开发前的每平方里0.06人增至0.67人，年产粮食总量达到4775850石。各旗县基本达到粮食自给有余。

民国成立以后，在东北地区的清朝王公庄田失去了权力的保护，加上广大壮丁、佃农的斗争，不少王公变卖土地，奉天当局认为王公变卖"妨害实多"，决定由省官地清丈局订立章程，主持丈放。到1915年年末，奉天省已丈放官庄面积50万亩，浮多地17万亩。变旗地为民地，有效扩大了农业种植的面积。

这些土地的开发为粮食的生产、人口的增加提供了基础条件。

---

① 《黑龙江省垦务局档案22》。
② 徐世昌：《退耕堂政书》卷九，文海出版社，1968年，第512页。

二、粮豆外贸迅猛发展

清末经过大规模放垦与开发，东北耕地面积普遍增加，农业生产迅速发展，粮食产量随之猛增。公元1911年，吉、黑两省的粮食产量已达101.5亿斤，而当时两省的人口只有570万，人均粮食1700多斤。甲午战争后，农业中的资本主义因素有新的增长，随着国内市场的进一步开放，进出口贸易的扩大，出口农产品的种类和数量显著增加，再加上资本主义新式工业的兴起和新型工商业城市的发展，经济作物和园艺作物的种植加速推广，促使粮食商品化程度进一步提高。

早在光绪十八年（公元1892年）日本三井物产会社就在营口开设支店，开辟东北大豆向日本及爪哇的销路。甲午战争以后，日本福富、松村、海仁等日商纷纷进入东北。公元1903年英国资本的京奉铁路从北京延至新民，帝俄东清铁路也全线开通，进一步促进东北粮食贸易的发展。公元1908年，由于埃及、印度和北美的棉籽和亚麻歉收，造成英国榨油工业原料短缺，日本三井物产会社便将百吨东北大豆运往英国，因价廉物美销路大增，"其声誉几超过丝茶"①。同时，俄商"将满洲麦米由海参崴运往荷兰、德国，并将豆数万石运往伦敦"②。从此，东北粮食市场迅速扩大，特别是东北大豆，迅速成为世界性的榨油原料。东北亦迅速纳入资本主义世界市场之中。

公元1908年之后，东北大豆输出数量猛增，而且很快由以关内市场输出为主转向国外市场输出。公元1908年东北大豆输往日本占35.9%，输往欧洲占5.4%，输往关内占58.7%；宣统二年（1910年），输往日本占12%，输往欧洲猛

---

① 《东方杂志》，民国七年第八期，上海商务印书馆，1918年。
② 《东方杂志》，民国六年第六期，上海商务印书馆，1917年。

增到67%，输往关内仅占20%。由于世界市场需求的扩大，粮食价格迅速增长，1882年营口港每石大豆为二两六钱四分银两，到1897年就涨至五两；豆油每百斤价格由三两九分涨至六两五钱。哈尔滨的豆价也迅速上涨，"**本埠（哈尔滨）大豆一项销场最广，各国购运者日以数万铺得（普特）计。近又有怡德洋行派人来哈批买，故日来豆价大见昂涨云**"[①]。农产品价格的增长，刺激农民把更多的农产品投放市场。随着农产品商品化的发展，东北农产品流通市场逐渐形成。当时的奉天（今沈阳）以其良好的地理位置成为清末东北最大的农产品集散中心市场，"奉天之位置，为南满洲中央市场"，加上它"有辽河之水利"，又处于京奉铁路及中东路交会之地，每年仅豆类一项，即达二三十万石甚至四十万石之多。[②]当时的铁岭也是东北南部小麦与面粉的集散地，辽阳是清末东北南部杂粮集散中心，每年从这里输出的杂粮达三十万石。[③]史料记载当时的东北已日益成为出口贸易繁盛的国际性大型贸易市场。

三、粮食加工业的兴起

甲午战争后，国际列强对中国的投资侵略，一方面使中国的财政金融命脉逐步被帝国主义所控制；另一方面也刺激了中国民族资本主义的初步发展。日俄战争前后，帝国主义垄断资本涌入东北竞相投资设厂，近代科学技术和生产设备由此传入东北。此时国内外市场扩大，民族资产阶级以设厂自救相号召，雪耻、救亡运动日益高涨。在这种背景下，清政权为了挽救行将崩溃

---

① 《远东报》，清宣统三年三月一日，1911年。
② 日本辽东兵站监部编：《满洲要览》，第188页。
③ 日本辽东兵站监部编：《满洲要览》，第195页。

的命运，推行"新政"，不仅放松对新式工业的控制，而且制定一些奖励工商业的政策。到20世纪初，东北民族资本主义工商业进入投资设厂的发展阶段。

粮食加工工业是东北近代主要的民族工业。前面介绍的东北特产大豆在20世纪初打入欧洲成为世界商品，榨油业也在东北近代民族工业中占据首位。公元1899年到1902年营口已建有怡兴源等四家华商设立的机器油坊。南满铁路通车以后，大连成为东三省出入中心，公元1907年大连仅有四五家旧式油坊，到1918年制油厂已达54家。公元1908年奉吉官绅集华股80万元在肇州厅五站筹设富华制糖有限公司，于1910年在呼兰建成。日俄战后，一些民族资本家开始经营一些带有资本主义色彩的农牧垦殖公司，到1912年奉天已有农牧垦殖公司12家，吉林有8家。公元1912年至1919年，面粉、制油及其他行业也得到发展。光绪二十一年（公元1895年），直隶总督王文韶建议清政府"招商试办酿酒公司，以收利权"[1]。北方由此掀起了一个经营酒业的高潮。到清末，东北新增酒厂79家。[2]为了适应大批农产品交易的需要，公元1915年哈尔滨出现了农产交易信托公司，系由华商集股而成，专门担保大宗粮食的买卖。到20世纪20年代，东北各大城镇都设立了"特产交易所""钱粮交易所"之类的民营信托贸易机构，促进了农产品的交流。

随着东北农业商品经济的发展，20世纪20年代中叶东北已初步形成专门化的商品粮基地。与此同时，基地的布局也发生了变化，出现了商品粮基地北移的趋势。当时的辽河流域开发比较早，土地开垦日趋饱和，人均耕地面积明显减少。但东北北部（包括当时黑龙江全部，吉林省大部）仍有大量荒地可供开垦。于是垦荒大幅度向北移动，形成了新的商品粮基地。公元1929

① 《清德宗实录》卷三六八，中华书局影印本，1987年。
② 孔经纬主编：《东北地区资本主义发展史研究》，黑龙江人民出版社，1987年。

年有个统计数字，东北南部人均耕地面积为0.335公顷，而东北北部则为0.663公顷。[1]

第二节 东北地区西餐的兴起

随着1898年中东铁路的修建，大批俄国人进入以哈尔滨为中心的东北地区，西方饮食文化随之出现。公元1905年日俄战争后哈尔滨、大连等城市被迫开埠通商，各国侨民蜂拥而至，各种档次和风格的外国餐饮店铺纷纷兴起，西餐业发展迅速。据统计，到1937年仅哈尔滨就有大小西餐馆260多家，既有俄罗斯人、波兰人、德国人、犹太人、希腊人经营的，也有日本人、中国人开的，哈尔滨道里仅中央大街就有西餐店37家。外来饮食文化的进入对东北地区传统的饮食模式产生了巨大的影响，在东北出现了许多个"全国第一"的食品工业厂家。比如哈尔滨建成了中国第一家啤酒厂（乌卢布列夫斯基啤酒厂），第一家西式肉灌食品场（秋林商场所属肉灌场），在大连、沈阳、哈尔滨等地出现了西式饮料（汽水、酸奶、"格瓦斯"）制品厂和西式冰点（冰棍、冰糕、冰淇淋等）厂。国外饮食产品的大量进入，改变了东北地区一部分城市人口的饮食习惯、饮食结构，并将其有机地融入到传统的东北饮食文化中，这种影响一直延续至今。

---

[1] 日本陆军参谋本部：《满蒙资源要览》，1932年，第16页。

一、东北西餐的特点

1. 东北当地原料与西餐烹饪方法的完美结合

西餐的出现带来了全新的烹饪技术，形成了特色鲜明的西餐品牌。西餐菜肴的主要特点是营养丰富、形色美观，哈尔滨的西餐业尤为出色。东北西餐的最大特点是，店家既使用西餐原有的烹饪方法、保持西餐原有风格和营养成分，又充分利用东北的地方原料，同时融入某些中餐的烹饪技巧，逐步形成了东北西餐的独有特色，例如同时拥有俄罗斯饮食文化和东北饮食文化特色的菜品——"哈尔滨俄式大菜"即是一例。20世纪50年代苏联援华技术人员对哈尔滨的俄式大菜的精美和独特赞叹不已，深有青出于蓝而胜于蓝之感，后来竟派遣学员来哈尔滨学习西餐，并将哈尔滨西餐菜式、制作方法等进行系统整理带回国。

哈尔滨西餐菜肴的主要制作方法是：拌、炸、烤、煎、煮、焖、焗、炒等八种，每种都有自己的特色：

拌：是冷盘的做法，但是加入了具有中国烹饪元素的清拌和香油酱拌两种手法。"清拌"是用蔬菜做原料，改刀装盘，浇上兑好的汁拌匀即成。成品味道清淡，色泽美观，酸辣适口，如"清拌黄瓜"。"香油酱拌"是用生的荤素原料，改刀后用开水煮熟或烫熟后，过凉装盘，加上香油酱拌匀即成，如"拌香鸡"。

炸：是哈尔滨西餐菜肴制作时用得比较普遍的一种方法。分净炸、爆炸、酥炸三种。"净炸"（或称干炸）是生原料不挂糊，在热油中炸至原料变熟。成品香脆可口，如"炸土豆"。"爆炸"是烹调焖烤一类菜肴的主要工序，用七八成热的油，将生原料炸到半熟程度，再进行下步烹调，如"烤小鸡""焖牛肉"。"酥炸"是将生、熟原料用精盐、味素、胡椒面喂好，蘸上鸡蛋汁、蛋糕糊、面包渣等，用七八成热的油炸至深黄色和金黄色，使成品酥香、质嫩、皮脆。如"酥香鳜鱼"。

烤：是技术性较强的烹调技术，分烘烤和焦烤两种。"烘烤"是将生原料初步加工、腌好后抹上油料，放入烤盘，在烤盘中注入适量的水，送入烤炉烘烤。烤出的成品，鲜香脆嫩，色泽美观，如"烤小猪"。"焦烤"的方法仅限于鸡、鱼、肉和野味，将生原料改刀，加上配料、调料稍腌，再用银钎或铜叉穿起来，抹上油，直接用火烤。烤出来的菜肴焦嫩脆香，颜色诱人。

煎：是一种简单、快速的方法。在煎盘中放少量油，将原料撒上精盐、味素、胡椒面稍腌，蘸鸡蛋汁、面包渣，用文火煎至上色、熟透为止，如"煎牛排"。煎好后再送入烤炉稍烤，成品外酥里嫩，现吃现烤。

煮：将生原料放在开水或清汤中，加调味料，用文火煮制，如"煮大虾"。成品形状完整，味鲜质嫩，能保持原料的原色、原味。

焖：将原料经初步加工（焯、煎、炸、烤），再加少量的汤、汁、调料，先用旺火烧开，再移至文火上慢慢焖，达到原料酥烂、味香、汤浓。若用罐焖，更有风味。如"罐焖牛肉"。

馅：一种是将较大块的生、素原料改刀，加工成空心形状，将烹制的馅瓤满原料的空心，再烧制。如"馅青椒"；另一种是将荤生原料绞成泥，调好口味，用原来的皮卷好，再烤、煮。如"馅鸡""馅鱼"，用这种方法做出的菜，吃鱼无刺，吃鸡无骨，味鲜质嫩，新颖美观。

炒：适用于各种原料的丝、丁、片、条、末等的烹调。炒时用旺火、热油，炒的菜要香、嫩、脆、鲜。

这其中使用的原料如土豆、小猪、鱼、鸡等都是东北地区的传统产品。

在烹饪技艺交流的同时，烹饪语言也得以交流，东北的食品中吸收了很多国外的语言，例如黑龙江地区的有些地方把面包称作"列巴"、橄榄球状的面包称作"塞克"、烧酒称作"沃德卡"、面包发酵的饮料称作"格瓦斯"等。这些都是俄语中的词汇。

2. 品种极为丰富的西餐菜品

20世纪20—30年代，在哈尔滨经常上市的西餐菜肴已经有凉菜、汤、鱼虾蟹类、牛羊猪肉类、野味类、禽蛋类、面盘、菜盘、甜菜九类300多种，一些西菜名品一直流传至今。

以下是经整理保存下来的一些哈尔滨西餐菜点名录，精选如下：

凉菜：烤牛肉、烤里脊、烤外脊、烤羊肉、烤小猪、烤小鸡、烤山鸡、馅小猪、馅鲤鱼、煮大虾、煮大蟹、拌香鸡、拌鳜鱼、拌青菜等。

汤菜：红菜汤、红菜汤带奶渣包、酸菜汤、鲤鱼汤、鸡块大米汤、鸡丝面条汤、土豆汤、番茄通心粉汤、奶汁豌豆泥子汤、奶汁芸豆汤、奶汁山鸡汤等。

水产类：奶汁鳜鱼、奶汁鲤鱼、红汁黄鱼、黄汁鲤鱼、柠檬汁草根鱼、番茄汁鳜鱼、烤奶汁胖头鱼、烤酸菜鳜鱼、烤酸菜胖头鱼、葡萄酒鲤鱼等。

肉类：牛肉饼、奶汁肉饼、葱汁肉饼、烤原汁小牛肉、番茄汁猪肉、烤小牛排、红焖小牛里脊、奶汁小牛肉带菜码、红汁牛腰、清煎小牛排、炭烤羊腰窝、酥炸牛舌、罐焖牛肉、铁扒里脊、葱汁里脊、什锦汁猪肉、番茄汁小羊肠等。

野味类：烤原汁山鸡、烤狍肉、烤野猪肉、串烧山鸡、串烧野兔、奶汁大雁、奶汁铁雀、罐焖狍肉、山鸡排、葱汁沙半鸡等。

禽类：烤原汁鸭、烤原汁鹅、酥炸鸡、奶汁鸡胗肝、罐焖鹅、馅鸡配土豆、酸菜鹅、苹果鹅等。

面盘：酥炸鸡蛋卷、炸小包、奶渣包、奶汁烤通心粉、牛奶大米粥、鸡蛋煎面包、三明治等。

菜盘：法国蛋、清煎鸡蛋火腿、土豆饼、白菜饼、清煎茄子、奶汁番茄、奶汁豌豆、烤奶汁口蘑、奶油小土豆、奶油菜花等。

甜菜：草莓果糖酱、马林果糖酱、烤苹果、炸香蕉、煮大米梨、葡萄酒煮梨、奶皮草莓果、布丁面包、红豆羹、奶皮糕、杏子糕、奶皮栗子等。

冷饮料：牛奶鸡蛋冰糕、可可冰糕、冰糕咖啡、酸牛奶、黑咖啡、"格瓦斯"等。

3. 舒适的就餐环境与服务方式

西餐馆的大量出现使得西方餐饮文化全面进入东北地区，在就餐环境、服务方式等方面带来了全新的元素，并且和谐地融入东北地区的饮食文化。

厅堂布置：20世纪早期，哈尔滨西餐店在餐厅中根据不同身份的顾客，设置鲜艳的花草，美丽的画板，优雅的屏风，烘托出隆重的气氛。桌椅整齐、洁净。还要对菜肴进行造型美化。如用各类食物雕刻成各种花、鸟、禽、兽和图案等，借以表达店主的热情。

宴会一般摆长台，便于摆放体积较大的菜品，如烤小猪、烤鸭等。这种整只的烤猪，只作装饰。正式就餐的菜品另有备份。

餐具的配置：就餐前要将杯、碗、盘、碟、刀、叉、口布、味四架（架上放着装有白醋、精盐、芥末面、清豆油、胡椒面等调味品的小瓶），整齐地摆好。为了便于分菜和宾主之间让菜，桌面上还要摆上几套公用刀、叉、勺等餐具。

上菜的顺序：宴会上菜的顺序是：凉菜、渍菜、奶油、糖酱、鱼籽、面包等；客人入席后，再依次上热酒菜、汤、鱼虾、肉、野味、鸡、面盘、素菜；最后上点心、甜菜、饮料或水果等。在整个上菜过程中有条不紊，注意颜色和形状的搭配，力求协调悦目，反映出烹饪技术人员的精湛技艺。

餐间服务：为了保持每种菜肴的独特风味，以及体现对客人的尊重，服务生须根据客人的饮食习惯，做好席间的餐具撤换工作。如在客人吃完凉菜要上热菜时，吃完带汁的菜肴要换炸烤类的菜肴时，吃完咸食要上甜菜时，都要将使用过的刀、叉、勺、碟等餐具换掉，换上另一套洁净的餐具。

普通的便餐摆台比宴会简单一些，但也有较为固定的模式和程序，冷热甜咸各有章法，不会失序。

这种人性化的周到服务及舒适的就餐环境，像一股清新之风吹进了东北大地，西餐文化在这里牢牢地扎下了根。

二、各具特色的西餐店

东北的西餐店大致分为如下几类，尽显各自的特色。

一种是兼有其他功能的西餐店。1945年前在哈尔滨开西餐厅的大部分都是俄罗斯人，而且很多不仅是单纯的西餐厅，还是具有娱乐功能的夜总会，并兼旅馆，业务功能齐全。二是突出各国风味特色的西餐厅，如埃迭姆西餐馆专做高级俄式大餐；基度亮餐馆具有俄罗斯高加索地区风味；还有希腊人鲍鲍都布劳斯开办的爱勒密斯餐厅，主要经营希腊风味的饮食，带来了地中海地区的饮食风味。三是中国人开办的西餐馆。随着西餐的兴起，使越来越多的中餐老板看到了其中的商机，也开始创办西餐厅。主要经营俄罗斯风味、高加索风味的餐饮，此后还形成了中国籍西餐厨师的"四大义"——杨洪义、王洪义、尤洪义、朱凤义。这四位大厨在当时是非常出名的。

至此，东北地区的西餐文化风生水起。

第三节　"满洲国"时期东北的民生与民食

　　1931年，日本发动"九一八"事变，侵占了中国东北三省，东北沦陷。1932年日本一手炮制了"满洲帝国"，拥戴清废帝爱新觉罗·溥仪为傀儡皇帝，从此东北沦陷区开始了长达14年之久的日伪统治。从清末到民国以至伪满洲国时期，在复杂动荡的社会环境中，东北地区的民生与民食形成了特异的历史风貌。当时中国东北三省生产了占全中国79%的铁，93%的石油，55%的黄金，铁路长度占全国的41%，对外贸易占全国总额的37%。[①]日本帝国主义对东北实行经济"统制"政策，进行了疯狂的掠夺，垄断了整个东北的经济命脉，东北变成了日本战争物资的供给地，东北陷入了黑暗的境地。

一、百姓的食物急剧减少

　　"九一八"事变之前，东北耕地最多时已达1700多万公顷，还有1600多万公顷可耕荒地。农业资源丰富，自然条件良好，并拥有占居民80%的农业人口，是举世闻名的谷仓之一。但在伪满统治的14年中，农业生产长期停滞，尤其是最后几年，由于日本帝国主义推行战时紧急掠夺政策，东北的农业遭到极大破坏。为了把中国人民生产的粮食最大限度地掠夺到手，从1941年

---

① 斯拉德科夫斯基：《中国对外经济关系简史》，财政经济出版社，1956年，第203页。

到1945年，日本在农产品的购销方面，实行了残酷的"粮谷出荷"政策。所谓"粮谷出荷"，即规定所有农产品都实行强制出售，强制收购，与农民签订"出荷"契约，规定了最高的"出荷"量，不管秋季收成如何，都强迫农民如数交粮。为了减少阻力，日本采取欺骗手段，实行了"奖金制度"和"先钱制度"，即对出售粮食者给以"奖金"或事先预支部分粮款。实际预支款少得可怜，常常是每百公斤只先付一元，所谓的奖金也是做样子，无非是让农民交出更多的粮食。为了搜刮更多的粮食和其他农产品，日本在各地纷纷成立了出荷督励部门作为专职机关，由各地各级长官负责，东北地区的人民群众深受其害。

日本侵略者对粮谷实行严格管制，严禁私人买卖粮食和囤积粮食，一经查出，不但粮食没收，还要受到严惩。"出荷"政策使老百姓的生活相当凄惨，百姓的食物急剧减少，食不果腹。日本在全满洲实行配给制度，优先供给日本人以及朝鲜人，而中国的平民百姓，根本得不到一粒大米。只有居一定官职者每月才能得到2～3公斤大米。给中国人配售的粮食不仅数量低，而且品种差。广大农民的粮食被迫出荷后，普遍没有口粮，成年只能以野菜、树皮、草根、糠皮度日。严重的粮食不足，造成民众健康状况的严重恶化，疾病、死亡率急剧增高，成千上万的人冻死饿死，抑或被迫自杀，出现了许多骇人听闻的惨案。从而加剧了对于饮食无法保障的恐慌心理，餐饮和食品市场很快陷入凋敝状态。

二、毒民害国的鸦片政策

为了最大限度地压榨东北人民，日本帝国主义推行鸦片政策，用鸦片毒害中国民众，致使不少中国百姓家破人亡。1932年9月，日伪当局成立鸦片专卖筹备委员会，同年11月30日公布《鸦片法》，1933年成立鸦片专卖公署，各地方分设了32处专卖机关。在奉天设鸦片烟膏制造厂和大满号、大东号两公司，开始在整个东北推行鸦片的种植和经营业务。并且大肆宣传鸦片是最好的药材，"民众种植之鸦片国家将高价收购"，"多种者有奖"等。在鸦片政策的胁迫下，东北大部分地区都栽种鸦片，1933年至1937年栽种的鸦片遍及伪满7省30县1旗，总面积达68万5千亩。[①]与此同时，吸食鸦片的人日益增多，1933年有5.68万人，1937年即达90万人，"三千万民众中有百分之三吸食鸦片，其数约达九十万人。"[②]鸦片放纵政策的直接后果，首先是使数以万计的东北人民，特别是广大的青年深受其害。这些人一旦吸食上鸦片，不仅身体日渐虚弱，无法从事劳动生产，使众多的家庭破产，而且吸食者意志消沉，精神颓废，完全丧失了民族意识和反抗精神。更有甚者，因为吸食鸦片而倾家荡产者往往铤而走险，就去投靠日本当了汉奸，走上了穷途末路。据不完全统计，仅1938年因吸食鸦片而中毒身亡者就有14万～15万人之多。对于鸦片带给中国人民的毒害，就连日方及其汉奸也不得不承认实行鸦片毒害政策，对人民直接、间接所受的损害是无法清算的。

三、日伪时期的殖民政策

伪满洲国居民有85%是农民，耕种着1700多万公顷的土地，日本帝国主义为了进行最大限度的殖民侵略。从1932年起，伪满政府在伪民政部下设立了土

---

① 《民政年报》，1937年，第286页。
② 《日伪档案262号》，第314页。

地局等土地管理机构，开始实施为期八年的地籍整理计划，旨在为日本霸占中国土地进行殖民侵略创造条件。

1935年日本人在东京成立了"满洲移民协会"，翌年关东军第二次"移民"会议，拟定了《满洲农业移民百万户移住计划》草案。新的"移民"计划目标是在二十年内从日本向中国东北地区移民100万户500万人口，从1937年起，每五年为一期，而且呈递增趋势。所有移民全部投放到东北的重点地区。[①]

到1945年日本帝国主义战败投降时，移入我国东北地区的日本移民究竟有多少，至今未有正式的确切数字统计。根据一些材料推断，日本移民约为10万户，30万人左右。这些移民，有目的地分布在东北的重点地带，以期达到日本的军事目的和经济目的。

日本的殖民政策给东北人民带来了巨大的危害，东北的农民被剥夺了最重要的生产资料——土地。据伪满洲国国务院弘报处《旬报》第166期所载，截至1944年年末，日本开拓移民共占地152.1万公顷，约占当时中国全部土地面积的近十分之一；也就是说，中国人民的每十公顷耕地中就有一公顷土地被入侵的日本移民所侵占。

这些日本移民团种植的作物主要有水稻、小麦、大豆，另外还有一些燕麦、高粱、粟、玉米以及蔬菜，到1937年大豆种植占东北产量的26.72%，小麦占16.43%，水稻14.2%[②]，但是这些无一例外地都是供军需所用，也无一例外是用从中国农民手里抢夺过来的土地生产出来的。

---

① "百万户移民计划"见《现代史资料》十一《满洲事变（续）》，1965年，第949～950页。
② 金颖：《近代东北地区水田农业发展史研究》，中国社会科学出版社，2007年。

第十章 中华人民共和国成立后的经济与民生食俗

　　东北地区的解放早于中华人民共和国的建立。中国共产党领导东北人民率先进行社会主义建设，经过东北各族人民的艰苦奋斗，新中国成立后的东北大地迅速焕发出勃勃生机。粮食、畜产品和蔬菜的产量与新中国成立前相比成倍地增长，人民的生活也得到改善，告别了旧社会"半年糠菜半年粮"的日子。东北人民发自内心地感到新生活的幸福，劳动热情空前高涨。国家第一个五年计划时期，东北地区的生产和生活水平继续提高。但是，"大跃进"（1958—1960年）以后，由于政府经济建设政策性的失误，使新中国的经济发展遭遇了严重的挫折，东北地区的工农业生产也受到重创。此时，粮食产量下降，食品短缺，人民生活极其困苦，在最艰难的时候，东北人民不得不以"榆树籽、豆腐渣、苦菜花"度日。虽然经过调节和整顿得以缓解，但是这种状况一直到改革开放以后才真正得到改善。

第一节　农牧业发展及城市的定量供应

一、农牧业的发展情况

新中国成立后，东北农民在中国共产党的领导下，开展了大规模的土地改革运动，废除了封建土地所有制，实现了耕者有其田。有80％以上的农民分得了土地、房屋、耕畜、农具、粮食等，免除了每年交纳的苛重地租。土地改革解放了生产力，东北农业生产迅速恢复和发展。第一个五年计划期间（1953—1957年），东北各省政府根据自愿互利、典型示范的原则，采取从互助组、初级社，到高级社一系列的过渡形式，引导农民参加了农业生产合作社。土地改革和农业合作化运动使东北农业迅速恢复和发展。[①]以黑龙江省为例，1949—1957年，黑龙江省小麦种植面积稳定在1000万亩上下，水稻、马铃薯、玉米生产也获得了迅速发展，面积扩大，产量提高。到1956年玉米种植面积迅速回升到2528.9万亩。随着种植面积的增加，黑龙江省粮食的产量也随之上升，同时亦反映东北三省的粮食增长趋势。据统计，1952年黑龙江省粮食的总产量为800.35万吨，比1949年增长了27.6％。[②]同时，大豆、甜菜种植面积也不断扩大，从而提高了整体的作物产量。

新中国成立后，政府为保证城乡有充足的蔬菜供应，相继制定了城市郊区以生产蔬菜为主的一系列方针政策，促进了蔬菜生产稳步发展。[③]1949—1957年，黑龙江省全省蔬菜面积由239万亩增加到345.8万亩，年平均亩产600公斤左右，比1945年提高20％。黑龙江各级政府还把果树生产作为发展农业经

---

① 黑龙江省地方志编纂委员会：《黑龙江省志·农业志》，黑龙江人民出版社，1993年。
② 金毓黻：《中国东北通史》，吉林文史出版社，1991年，第774页。
③ 长春市地方志编纂委员会：《长春市志·蔬菜志》，吉林人民出版社，1996年。

济的重要项目，到1961年果树栽植面积已达60多万亩。

畜牧业方面，土地改革以后，广大农民发展生产的积极性空前高涨，政府把发展养猪业作为农业增产的一项重要内容。以吉林省为例，1949年年末吉林省生猪存栏198.8万头，1952年发展到239.7万头，突破了1630年235万头的历史最高水平。同时政府还要求机关、学校、部队、工厂的集体单位，根据需要与可能设立养猪场，增加猪肉自给量。使生猪存栏数量不断回升。

从整体上看，国民经济恢复和国家第一个五年计划时期东北经济一直处于上升阶段，生产成绩显著，人民生活不断提高。但是，随后而来的"总路线""大跃进"和"人民公社化"等一系列冒进政策开始出台，不仅盲目追求高速度和"一大二公"①，而且在生产上瞎指挥，浮夸风和共产风盛行，1960年—1962年灾害接踵而至，农业生产收效甚微，而且苏联政府终止了援助中国经济建设的项目合同，催收债款。天灾加人祸造成了东北地区国民经济的严重困难，农业受到很大削弱，生产大幅度下降，社会购买力和商品可供量严重失调。人民生活水平明显下降，农村发生饥荒。"三瘦"（地瘦、畜瘦、人瘦）、"三少"（地少、畜少、劳力少）和"一多"（死人多）是当时社会环境的真实写照。面对严重的经济困难，中共中央推行了"调整、巩固、充实、提高"的八字方针，东北各省都按照这一方针进行了经济调整，到1964年或1965年东北完成了调整和恢复国民经济的任务，人民的生活有所改善。②然而紧接着出现的"文化大革命"十年浩劫（1966—1976年）再一次给东北经济造成重创，尽管在生产上也取得了一些成绩，但人民生活一直处于困乏阶段。

---

① "一大二公"是当时对人民公社特点的总结，即一是人民公社的规模大，二是公有化程度高。
② 王幼樵、肖效钦：《当代中国史》，首都师范大学出版社，1994年。

二、城市居民粮食和副食品的定量供应

由于生产能力受到限制，这一时期东北人民的饮食生活基本上处于求温饱的阶段。国家对城市居民的粮油和副食品采取计划统一供应的形式以保障城市居民的基本生活需求。在农村，随着个体经济向集体所有制的转化，饮食必需品的分配形式也越来越接近集体配给制。

1. 粮油的定量供应

三年（1949年10月至1952年年底）国民经济恢复以后，从1953年开始国家进入大规模的经济建设新时期，对商品粮的需要日益增多，而当时粮食生产赶不上消费增长需要，供求矛盾非常突出。1952年4月至1953年3月的一年间，国家粮食销售比上年增加84％，超出收购量的72.95％。中共中央和政务院为了解决粮食收支平衡，稳定局势，于1953年实行了粮食统购统销。

从这一时期起，居民用粮开始按计划供应，最初仅凭户口册发给购粮证，实行凭证买粮。而后又采取按人定量供应的办法，加强了粮食供应工作的计划性。

1954年哈尔滨市和长春市的定量办法是：每人每月粮食供应不突破15千克（旧制30市斤），食油每人每月供应不超过0.5千克（旧制1市斤）。实行定量供应后城市居民的口粮并不充足。

1957年10月，因上年度粮食歉收，全国粮食工作会议压缩了各地粮食销售指标，12月末又进行第二次压缩，两次共压缩定量1.58千克（旧制3.16市斤），大部分居民感到粮食紧张。1960年，农业严重遭灾，粮源十分紧张。中央发出《关于整顿城市粮食统销和降低城市口粮标准的指示》，根据中央指示，对哈尔滨市居民口粮、食油供应标准，又进行了一次调整。居民口粮定量水平

由每月15.69千克（旧制27.38市斤）降到13.145千克（旧制26.29市斤），平均每人降低0.545千克（旧制1.09市斤），食油由每月0.25千克（旧制0.5市斤）降到0.15千克（旧制0.3市斤）。1965年因油源状况好转，居民食油标准调增到0.25千克（旧制0.5市斤）。

2. 副食品的定量供应

与粮油供应相比，副食品的定量供应更加复杂，涉及面更广。从哈尔滨市副食品的定量供应制度可以看到这一时期整个东北地区城市居民生活的一般状况。

蔬菜。哈尔滨市的蔬菜定量供应起于1959年，因为1958年秋菜受灾减产，供应紧张。为均衡供应，于1959年春节开始实行凭证定量的供应办法。大体定量是春节期间每人供应暖白菜1.5千克（旧制3市斤）、暖土豆2千克（旧制4市斤）、暖萝卜0.5千克（旧制1市斤）。3月份处于青黄不接的季节，为使市民都吃上菜，凭证每人供应土豆2.5千克（旧制5市斤）、干菜0.5千克（旧制1市斤）。每逢五一、十一、中秋节等节日，也能有一些蔬菜供应。2—3月份蔬菜供应处于淡季，只能保证特需，平日市场停止供应。6月以后，春、夏菜收购和调入量大幅度增加，供应好转，敞开销售。从8月30日起，又实行凭卡供应的办法。1963年蔬菜供应好转，全部敞开供应。"文化大革命"期间，蔬菜生产遭到破坏，供应紧张，哈尔滨市再度实行凭证（票）定量供应办法。

猪肉。1952—1953年哈尔滨市重点供应军需与特需，各有半年多时间未向居民供应猪肉，中秋节、国庆节猪肉停供，新年、春节期间也只能用牛、羊、鱼肉代替猪肉供应。1954年新年和春节期间，哈尔滨市开始对居民实行定量供应，凭细粮购买证每人供应0.25千克（旧制半斤）猪肉。此办法一直持续到1964年。此间货源多时多供，货源少时少供。1969年货源紧张，供应量减少，第二次实行定量供应。

家禽。1958年4季度以后，家禽货源短缺，供应紧张。1959年上半年未供应食用鸡。以后，每逢年节有所供应，少至供应鸡肉0.1千克（旧制2两）、0.15千克（旧制3两），多至家禽1只不等。"文化大革命"开始后，市场受到冲击，家禽供应再度紧张，只在春节集中供应。

鲜蛋。1950—1958年哈尔滨市采取蛋多时敞开供应，蛋少时保证重点的供应办法。1958年第一次实行定量供应。中秋节、国庆节每人凭证供应1个鸡蛋。1959年新年每户凭证供应鸡蛋0.35千克（旧制7两），春节供应0.5千克（旧制1市斤）。"五一"节每人供应鸡蛋1个，端午节每人供应两个，国庆节每人供应3个，对托儿所、医院、产妇、病人等，多给一点。1964年鲜蛋供应充足，敞开供应。1969年开始第二次实行定量供应。

食糖。为保证军需和民用食糖供应，1953年起哈尔滨市对砂糖开始实行限量供应的办法，限购量逐年递减，到1957年每人每次购买不得超过0.5千克（旧制1市斤）。

1959年食糖货源紧缺，市场供应时常间断供货，遂开始实行凭证定量的供应办法。春节每人供应0.2千克（旧制4两），2—9月份每人每月供应白糖0.1千克（旧制2两），"五一"节、国庆节每人供应0.25千克（旧制半斤）。以后定量有所平稳。1965年，食糖产销逐渐恢复正常，并可以敞开销售。"文化大革命"中，食糖供应渐趋紧张，1970年再次实行定量供应办法。

这一时期的农村生活也很贫穷，虽然农民收入有所增加，生活水平有所改善。但在"大跃进"、三年灾害和人民公社时期，农民生活曾经一度陷入生存危机之中，特别是取消了农民的自留地，更加重了农民生活的困难。从新中国成立到改革开放前，东北地区的农民始终处于求温饱的状态。

第二节　东北地区的饮食风俗

饮食风俗的形成是一个历史的过程。东北饮食文化中融入了多种文化元素，有东北各少数民族的饮食文化、有来自中原及其他地域的"流民"带来的饮食文化，还有来自日本、俄国以及其他国家的国外饮食文化，形成东北多元而绚丽的文化组合，尽管在共和国建立以后政治、经济环境都发生了重大而深刻的变化，但区域饮食文化仍然基本保持着其本真的文化基因，并体现于民间的饮食风俗中。

一、日常饮食风俗

1. 满族遗风，喜食猪肉

喜食猪肉的风俗自古以来一脉相传。猪肉是东北地区人民传统的肉食来源。新中国成立后，政府鼓励东北地区的农村家庭积极养猪，使生猪的存栏数不断增加。尽管在大跃进和共产风时期由于强制把农民个人养的猪变为集体所有，一度降低了人们养猪的积极性。但经政策的调整，允许个体家庭重新养猪，从而使东北地区的生猪饲养量又恢复到了以往的水平。于是东北农村又开始恢复了以往既有的风俗，即每年开春时节到市场上抓上1～2只小猪崽，放到圈里喂或散养，喂到春节前夕便可杀掉食用。另外，在东北人的日常饮食中，每逢婚丧嫁娶、年节庆典、祭神祭祖，有能力的家庭都要杀猪庆贺。

东北农村杀猪有许多规矩，特别是杀年猪的讲究更多。杀猪有专人，各家都请其杀猪。杀猪时用黄酒灌猪耳使猪嚎叫，认为这是"福音"，此为"领牲"。动刀前还要念"猪羊一道菜"之类的话，杀完后燎毛、开膛取内脏，将猪卸成后鞧（qiū，臀部）、躯干、头、四肢四部分，杀猪之家要取部分肉（一般取五花硬肋）与酸菜、血肠同煮，宴请杀猪者和邻居亲友，以酬以贺。吃法是将血肠、白肉配蒜泥、韭花、辣椒酱吃。边吃边饮酒，不够再添，吃饱为止。余下的冻起来供日后食用。该习俗是满族遗风，在东北农村一直盛行。

由于杀猪在东北农村是一件饮食盛事，所以，慢慢地形成了一种"杀猪菜"。因为猪皮、猪肉、猪骨、猪内脏、猪头、猪蹄、猪肘、猪尾巴、猪血都可食用。如猪血可灌血肠，制血豆腐；猪皮洗净后可熬皮冻；用猪头肉、哈肋巴（猪的肩胛部位的肉）、肋条肉、猪肘子、猪蹄、猪肚、猪肝和猪肠等八种原料还可以制作"猪八样"宴席，并可制出多种猪肉菜，在东北各地都非常受欢迎。

2. 地处寒冷，贮菜手段丰富

从新中国成立后到改革开放前的这几十年里，东北地区的蔬菜生产及供应的品种都比较单一。特别是到了冬季，基本没有新鲜蔬菜。为了度过漫长的冬季，解决冬季的蔬菜之需，东北广大百姓利用夏短冬长的自然环境条件，形成丰富的蔬菜冬储手段（晒、窖、腌、冻、渍），并且形成了东北地区独特的地域风俗——家家离不了缸，这些缸有大有小，一般大的称缸，小的称坛，数量不等，用途不一，一些大户人家的缸可多达十几口。

晒干菜。人们利用秋季太阳的热量，大量晒制过冬的蔬菜。山区的居民主要晾晒黄花菜、木耳、元蘑、松蘑、猴头蘑等山珍；平原地区的东北人则晒制土豆干、豆角干（丝）、茄子干、西葫芦干、倭瓜干、萝卜干，还要晾晒小辣椒。

窖储菜。用地窖储菜，是东北人保鲜蔬菜的一种实用、科学的储菜方法。地窖有室内和室外两种。在东北地区的平房室内，家家都有一个储菜的地窖。地窖一般宽1米见方，深2～2.5米。主要用于储藏土豆、萝卜等，所以人们习惯地称之为"土豆窖"。室外地窖一般用于储存白菜，所以人们习惯称之为"菜窖"。由于户外温度低，所以菜窖较深，且出口较小。冬季窖储存的白菜不干巴，不腐烂，新鲜脆嫩。一般可将白菜储存到开春时节。

腌菜。东北腌菜的品种很多，主要有腌雪里蕻、腌咸蛋（鸡蛋、鸭蛋、鹅蛋）、腌咸菜疙瘩（芥菜疙瘩、茎蓝疙瘩、塞克疙瘩、地环疙瘩、黄瓜等），这些腌菜丰富了东北人的日常餐桌。

冻制菜。有一些蔬菜受冻后就不能吃了。但在蔬菜匮乏的年代人们都不舍得扔，便想办法吃掉。东北人当年所吃的冻菜有白菜和酸菜。食用时，将冻白菜用开水打焯，洗净后蘸酱吃，或炖着吃；其口感很差。

渍菜。渍菜也称酸菜，与上面腌咸菜的主要区别是在盐渍的过程中需要发酵，使菜变酸。选料主要有大白菜和大头菜，这是从满族的习俗中承袭下来的。酸菜是东北冬季的主要副食品，各家几乎每天都要吃上一顿。这除了东北地区冬季缺少鲜菜外，还因为酸菜腌制方便，存储时间长。酸菜风味特殊，食法多样，可炖可炒，酸味适口，吸油腻，最宜与东北人爱吃的猪油、白肉放一块制作。

东北人渍酸菜有生制和熟制两种方法。"生制酸菜"就是将选好的大白菜去老帮、切根、洗净后，直接码入大缸中，码一层，撒一层大粒盐，直到码满缸为止。白菜的上面要用重石压上，待两天以后，白菜下沉，加入清水，将缸口用油布或缸盖封好，发酵。一般30天左右才能食用。其特点是腌渍时间长，发酵慢，不易腐烂，酸度较熟制酸菜弱，酸菜帮口感脆嫩。

"熟制酸菜"就是先将选好的大白菜去老帮、切根、洗净，放入热锅中用开水打焯，煮3分钟左右即可捞出，再放到清凉水中浸凉，然后码放到缸中，码一层白菜，撒一层大粒盐，直到码放满缸为止。上面要用重石压上，两天后待白菜下沉，加入清水，缸口用油布或缸盖封口，发酵，半个月后即可食用。熟制酸菜其特点是腌制时间短，发酵快，酸度高，但脆感差。

3. 盛产大豆，善做大酱与豆制品

在东北地区，家家户户都离不开自制的大酱。将黄豆制成大酱食用是东北人的一大享受。在改革开放以前的历史时期，由于生活水平普遍较低，大酱成为东北普通平民百姓日常生活不可缺少的佐餐食品。

大酱的加工程序比较复杂，制作过程也比较长。一般在秋收时，就要选好明年制作大酱需要的黄豆。正月一过便开始进行准备工作。先是选豆，把干瘪、虫咬等坏豆挑出，选出好豆用水洗净。然后放到锅里煮熟，煮豆的水不能多也不能少。再将煮好的豆盛到盆里，捣成稠糊状，再放到面板上，做成长约25厘米、宽约15厘米的酱块，等外皮不沾手时，再用厚纸将其包好，放到干燥、通风处待用。

接下来就是"下酱"。东北俗话说："男怕抹炕，女怕下酱。"下酱需要有丰富的经验和技巧。下酱时，先将放好的酱块用清水洗净（主要洗净酱块上的白毛），掰成小块。将食盐（一般都用大粒盐）放到锅里熬成盐水，晾凉后倒入酱缸中，再将掰好的酱块放进去。把酱缸放到户外阳光充足的地方保持温度。然后每天早晚打酱（用酱耙子将酱缸里的酱块捣碎，并将酱里的浮沫用小勺撇出，保证酱的质量），使其尽快成稀糊状。大约20天，大酱开始发酵，满院会散发着浓浓的酱香。

虽然同样是下酱，但一家酱一个味。下得好的酱，色泽金黄，香味浓郁，

咸香适度，百吃不厌；下得不好的酱，色泽暗黑，有臭味。所以，东北百姓严格恪守下酱之规，如下酱时间必须选择在农历四月间的金日，其他日子都被认为不吉利。最忌水日下酱，也忌讳五月下酱。下酱后，酱缸上要系一块小红布条，不许把酱缸随意挪动；下酱或日常打扒、捣酱前，要先洗手、梳头，防止不洁净的手和头发弄脏了酱；不能吃不足月的酱等。这些下酱之规至今还在民间承续着，反映了东北人民注意饮食卫生和恪守天时的"天人合一"的饮食文化思想。

东北人加工和食用大豆的方法很多，最普遍的是用来做豆腐。这是东北农村常见的豆制品形式，即使在"四清""文革""割资本主义尾巴"的时期，每村也还保留着"豆腐坊"。豆腐品种主要有大豆腐（水豆腐）、干豆腐、豆腐脑、冻豆腐等。

此外，东北人还在青黄不接的春季，将黄豆发成豆芽，作为应季的主要蔬菜。发黄豆芽首先要选好黄豆，然后将黄豆洗净捞出，放到盆里（泥瓦盆或瓷盆），用一块厚湿布将豆盖好，每天早晚再用温水投洗两次。待芽长出到2厘米左右，即可食用，炒吃、拌吃、做汤均可。

4. 鲜蔬、野菜蘸大酱乃一绝配

满族人的饮食生活中有"蘸"的食俗，蘸"是将各种洗净或用沸水焯过的鲜蔬、山菜等，以手执之或以箸夹之，在炸好的酱中蘸一蘸，然后食之"[1]。在东北无论城市还是农村，人们都喜欢吃蘸酱菜。无论在普通家庭的饭桌上，还是在饭店的酒席上几乎都能见到。东北的蘸酱菜品种很多，几乎包括了一切蔬菜种类。

---

① 吴正格：《满族食俗与清宫御膳》，辽宁科学技术出版社，1988年，第83页。

东北人每年吃到鲜蔬菜的时间只有6个月左右，从春天大地复苏后的山野菜开始，一直可以吃到秋季大量的菜蔬上市。进入4月初，就可以吃到婆婆丁（蒲公英）、小根蒜、荠荠菜、芩茉菜等小野菜；进入5月份，住在山区的人可吃到清香去火的刺老芽、蕨菜（猫爪菜）、黄瓜香等野菜，以及地里种的小白菜、菠菜、生菜、葱、水萝卜菜、臭菜、香菜等。这些鲜蔬与野菜，都是绝好的蘸酱菜。现在，人们吃山野菜是为了改换口味。三年自然灾害期间，这些野菜曾是人们的救命菜。

蘸酱菜从处理方法上可分为"生""熟"两种。"生蘸酱菜"就是把菜择洗干净后，蘸酱直接食用，如小葱、水萝卜、黄瓜、生菜等；"熟蘸酱菜"就是先把菜择洗干净后，放到锅里，用热水打"焯"一下捞出，放到冷水中浸凉，挤净清水，然后再食用，如蕨菜、刺老芽、干白菜、冻白菜等。所蘸的酱也分为生酱和熟酱。"生酱"就是东北人自家所酿制的大酱（又叫黄酱），从酱缸里直接用勺盛到碗里（东北人又叫叨酱）即可；"熟酱"就是将取来的生酱经过烹调后制成的酱，常见的有鸡蛋酱、肉酱、辣椒酱、小鱼酱等。蘸酱菜酱香菜爽，新鲜脆嫩，口感怡人。

5. 喜吃黏食

东北人喜食黏食，这一习俗亦是满族食风的沿袭。黏食由黏米面做成，有干面、水面（浸泡后磨浆）之分。水面中又有经发酵和不经发酵之别。黏米面干粮热量大，抗饿，多在农忙时吃。黏食中最受欢迎的是黏豆包。传统的做法十分复杂，《长白山下的民俗与旅游》一书中如此描述："做黏豆包先要把黄米淘好，用温水浸泡一天半日，然后碾压成粉，过筛后调和成面，用盆装好放在炕上醒一醒，然后捏成小圆饼，把赤小豆捣成豆馅，掺上冰糖、白糖，包成鸡蛋大小的包子，这就是黏豆包。""豆包其实应该叫'包豆'，因为是在黄米面里包上一包豆馅，蒸的时候，还在包子下垫上一片苏子叶，熟后吃起来又香又甜"。

除黏豆包以外，还有一些黏食也颇具特色，如黏面饼，用发酵的黏面团包馅（豆沙或菜馅）后烙熟即成。豆面卷子，有点像北京的豆面糕（俗称"驴打滚"）。制法是先将黏米面和成水面，然后上屉蒸熟，擀成薄片，在薄片上均匀地铺上一层熟豆面（掺有白糖），卷成卷切段即成。水团子，这是一种与赤小豆泥同食的黏米面食品。制作时，将调好的黏米面挤成海棠大小的圆子，下开水锅里煮熟捞出。将煮烂的赤小豆加汤调成小豆泥（可甜可咸）。吃时将煮熟的黏米面小圆子捞在盛有小豆泥的碗里，用汤勺舀着吃。水团爽滑柔韧，豆香浓郁，很有地方特色。

6. 吃"包饭"

东北人喜欢吃"包饭"，也有的地方叫"饭包"，这是承袭满族人吃"乏克"的传统习俗。"乏克"是满语，意思就是"包儿饭"。即用菜将饭包起来吃。原料主要有米饭、大白菜叶、葱、酱等原料。先将干饭做好（一般都是小米饭或秫米饭），将选好的大白菜叶洗净，切好葱丝，打好酱（肉酱、鸡蛋酱、辣椒酱等），将这些东西拌好，摊在白菜叶上包好即成。吃时用两手捧着或攥着吃，免得散花。这种将饭和葱酱包在一起后，吃的就是那"串味儿"的效果，饭、菜、酱的各种味道调和后的综合之味。

二、岁时饮食风俗

中国是个农耕古国，节令时俗具有浓重的农耕文化的色彩，在东北这块神奇的土地上，又融入了游牧文化的粗犷豪放。世世代代的东北人敬畏自然，敬重祖先，崇尚勇武，辛勤耕牧，从岁首到岁末，在一系列淳朴的民间食风食俗中，无不彰显着东北各族人民乐观向上的民族精神。他们恪守农时，祈盼富足；祭拜祖先，不忘先贤；崇尚和谐，看重亲情；以食养生，希冀健康；他们信奉着龙的文化，在每一个岁时年节的活动中，他们都在书写着自己的民族文化。

1. 春节

春节是中华民族的传统节日，每当春节来临之际，中国各地区人们都会为春节丰盛的佳肴而愉快郑重地忙碌，此俗在东北地区也是相同的。特别是在物资匮乏的年代，过春节是人们一年的期盼，能美美地吃上几顿好饭。辽东地区一般从腊月十五日就开始准备了，人们要"拉年纸单"，即计划过年的年货。准备的食物要能从腊月三十一直吃到正月十五。年前要推米、磨面、做豆腐、做年糕、杀年猪、宰年鸡、做黏豆包等。辽南的人们还有刻大面果的习俗，即把面团用模具刻成花、鸟、鱼、猪、人物及建筑模型，形态逼真，然后烤熟或烙熟。辽宁东部民谣常说："二十六，割年肉；二十七，宰年鸡；二十八，把面发；二十九装斗；三十走油，初一磕头。""走油"就是家家都要用油炸些食品，寓意一年到头都有油水。黑龙江民谣也说："二十三，祭灶天，二十四写大字，二十五扫尘土，二十六刨猪肉，二十七杀年鸡，二十八把面发，二十九贴春联燎猪首，三十晚上玩一宿。"由此可见一斑。

除夕年夜饭，是春节饮食活动的重头戏，一般都在三十的中午进行，又叫"团圆饭"。普通人家也要炒六个、八个菜，多的有十几个菜。当然，不是所有的时期都是好年景，新中国成立初期和三年困难时期食物奇缺，即使是过大年，也是由政府配给供应少量的食品。饭菜可能每年都不同，但不变的是家中的亲情，不论身处何地，这一天全要回到家中，为的是这顿全家团圆的年夜饭。国家的经济情况好转以后，人寿年丰，除夕夜全家老少坐在一起，喝酒品菜，鸡、鸭、鱼、肉、蛋应有尽有，其乐融融。在辽南，这顿饭必有鱼，寓意年年有"余"。在吉林和黑龙江省，新年筵席也不能离开鸡和鱼。吃完饭，全家在炕上团团围坐，开始包新年饺子，摆饺子也有规矩。黑龙江的风俗是饺子要横竖成行地摆在圆形的"盖帘"上，不许摆成圆圈。因为摆成圈，意味着日子越过越死；摆成行，则象征着在新的一年里财路四通八达。包饺子时还有包硬币的习俗，如果谁吃到硬币谁就有福。包完饺子如果剩下面，认为将有衣穿，剩下馅，则认为有菜吃，包完的饺子在除夕夜食用。另外，除夕夜还有吃猪蹄的传统，人们叫它"搂钱耙子"，年夜饭时吃它，寓意新的一年能够财源广进，生活富裕。

初一、初三、初五、初六在辽宁都要吃饺子，因为初一是一年伊始，初三为"大日"，初五谓"捏破五"。初六谓"开中大吉"。吉林初一有吃年糕的习俗，年糕即黏糕，年前做好放起来，到时放到帘屉上蒸透，寓意"年年高"。黑龙江在初二要祭财神。吃水饺或馄饨叫"送神饺子"和"元宝汤"。初七为"人日"，这一天要吃面，取长寿之意。

2. 立春

立春意味春天的开始，一般在春节前后人们要吃春饼，啃萝卜，俗称"啃春"。

3. 元宵节

元宵节时黑龙江和吉林人都吃元宵，元宵以糯米粉制作，多是煮食，也有用油炸的。辽南的习惯是中午炒上几个菜，饮酒佐餐。夜幕降临时，将各种各样的灯笼挂上，吃元宵过夜。辽东一带只有少数人吃元宵，多数人家仍吃饺子。

4. 二月二

二月二叫"龙抬头"日，这一天在吉林和黑龙江都要吃猪头。猪头的作法多是在煮熟后再用扒法或焖法制成。辽东一带"二月二"则家家包饺子。辽南多吃薄饼。

5. 清明

清明节前后又是"寒食节"，所以旧俗吃冷食、喝冷酒。新中国成立后，黑龙江各地习惯在这一天踏青、野餐，同时，这一天也是扫墓祭祖的日子。在辽南要摆桌上供，祭品为鸡、鱼、肉、饺子、包子，还要放上酒杯，斟满酒。祭毕，收供回家，全家共享。辽东地区清明节除包饺子外，还用小米、黄豆磨面摊煎饼，卷绿豆芽炒粉条吃。

6. 端午节

东北农村对这一节日尤为重视。除包粽子外，一般人家都要准备鸡蛋和猪肉。小孩之间多以鸡蛋相碰，先破者为输，输者立刻要吃掉生鸡蛋。黑龙江农村包粽子用大黄米。亲友之间以粽子相互馈赠、品尝。吉林端午节这一天日出之前，人们纷纷到野外采艾蒿，割百步草，用露水洗眼睛，用艾蒿水洗脸。早饭与晚饭吃鸡蛋。辽东端午节则家家吃咸鸡蛋，包饺子。辽南地区以糯米、苇叶、马莲包粽子，粽子里有枣、豆沙，也有包肉的。农家此日多煮鸡蛋蘸盐吃；也有的早起去野外采艾蒿和蒲棒草，悬在门上，小孩多戴香草荷包。

7. 入伏

入伏这一天，东北民间一般都吃面条，叫"伏面"，也有吃饺子的。

8. 立秋

立秋日习惯吃一些营养价值较高的食物。立秋日黑龙江的习俗是吃鸡、鸭、鱼、肉，谓"抓秋膘"，忌食瓜果，否则令人消瘦。吉林则称"抢秋膘"。所谓"抢秋膘"，是说从此日开始，进食滋补食品，这符合"春发、夏枯、秋收、冬藏"的传统营养观点。身体瘦弱者还要到较胖壮者的碗里抢饭吃，谓之"抢膘"。

9. 中秋节

中秋节是东北民间最重视的节日之一，赏月、吃月饼是传统食俗。辽东的人们一般吃炒菜，包饺子，个别人家也吃月饼。辽南地区除吃月饼和各种水果外，还要备酒和丰盛的饮食。

10. 冬至

冬至这一天"交九"，即开始数九，讲究吃馄饨。俗语说，此日吃馄饨可以消寒。

11. 腊八

东北"腊八"的食俗与各地一样，吃腊八粥。因为民间谚语有"腊七腊八，冻掉下巴"之说。认为吃腊八粥可把下巴粘牢，防止冻掉。煮腊八粥的原料为当地所产的杂粮，农家认为腊八粥是御寒补身、强身健体的冬令补品。人们也在这一天腌渍腊八蒜。吉林和黑龙江也有腊八吃黏饭的习俗，此俗可能与吃腊八粥的习惯有关。

12. 腊月二十三

腊月二十三俗称"小年"，东北旧俗白天忙"扫尘"，晚上以灶糖或糖饼、枣、栗子祭灶，然后吃灶糖。如今普遍吃饺子。

第三节　东北地区的饮食礼俗

一、日常饮食礼俗

东北农村的日常礼俗中保存有浓厚而独特的区域、民族传统文化。农家的一日三餐平日都在自家炕上吃。吃饭前，土炕中间摆上饭桌，先用抹布擦拭一遍。全家老少盘腿围坐在桌子三边。有老人之家，老人坐在炕里或炕头上，小孩坐在老人两旁或炕里。个头小的孩子有坐小凳的，也有双腿跪着的。儿子、姑娘或媳妇则坐在桌子两侧或炕沿边上，好随时上菜饭或给老人、孩子盛饭、拨菜。上菜时，一般先在桌上摆好咸菜、大酱及可供蘸食的新鲜菜蔬或冷荤，然后盛饭，并端上热乎乎的熬、炖菜肴。于是，全家开始动筷。这种炕上设桌的就餐形式，适合东北寒冷的气候特点，对老人、孩子、体弱多病者就餐尤为方便舒适，至今仍大多沿袭不移。

东北人一向以热情豪爽待客而闻名。如有客人到来，必先敬烟、敬茶，询问冷暖饥饱。即使没有烟、茶，也要先给客人斟上一杯开水，以示欢迎。

请客人吃饭时，一定让客人坐在热炕头上，然后炒菜烫酒。酒必须先端上来，菜要求必须双数，或4个菜，或6个菜，或8个菜，绝不能出现3个菜、5个菜或7个菜的单数。因为在东北人的观念中，双数为吉，不走单数。只有招待送葬人的丧葬席才上单数。为讨吉利，也有每种菜都上双份的，如肉两盘、鸡蛋两盘等。炒菜以猪肉、鸡蛋、酸菜、大豆腐、粉条之类为多见。鸡、鱼这样的菜，俗称是"大件"。上菜讲究顺序，一般是先凉后热，先大件，后一般的菜，先熘炒后煎炸，先咸后淡，先菜后汤，先白酒后啤酒，或同时上各种酒，任客人选用。最后一道菜严禁上丸子。人们认为，最后上丸子有"滚蛋"之意，故忌讳。吃饭时，主人会频频向客人敬酒、劝酒，夹菜添饭。饭后，主人必再次向客人点烟、献茶。客人要走时，主人必再三挽留，并说"招待不周"或"下次再来串门"之类的客气话。

二、婚姻饮食礼俗

东北的婚姻饮食礼仪内容很多，一般场面很大。一户结婚，往往大摆宴席，村民都去喝喜酒，亲朋也赶来祝贺。

结婚的当天早上，新郎在亲友们的簇拥下去接新娘。新娘家要摆四碟糕点、糖果招待新亲客人。新郎和男女傧相都要吃上几块糕点和糖果，寓意今后生活甜甜蜜蜜。这时，新郎家要带一块猪肉给女方家，叫"离娘肉"。婚礼的仪式在新郎家举行，典礼一般都在院子里进行，院里摆一张桌子，上面放几碟烟和糖。典礼完毕后，糖由孩子们抢食，新娘和新郎则入洞房，此时会有人端来"子孙饺子"，这种饺子是用纯猪肉作馅包成的，寓意夫妇日后子孙满堂。

随后进行婚宴，传统的婚宴一般是"四四席"，即四冷荤、四大件、四熘炒、四烩碗。菜肴品种多，数量足，丰盛实惠。口味以咸鲜为主，配以甜、甜酸、麻、辣、酸辣等地方风味。农村婚宴喜欢饮烈性白酒。酒至高潮时，喜用大碗斟酒，颇显关东人的豪放风格。

婚宴中的"四冷荤"有干、水之分，一般要上"两干两水"。"干拼冷荤"是用含水量较少的动物性原料经熟制而拼成的。如酱鸡、酱鸭、熏鸡、卤肝、酱口条、酱牛肉、酱肘子、灌小肠、腊肠、粉肠、松花蛋等。"水拼冷荤"系用含水量充足的植物性原料制成，多用烩、炒等烹调方法。婚宴中的"四大件"中必有整鸡、整鱼。整鸡，常见的有红扒鸡、香酥鸡、清蒸鸡及酥烂脱骨鸡等。整鱼多用鲤、鲢、草等有鳞鱼，无鳞的不上席。烹制方法多红焖、红烧、清蒸、清炖。此外，还可从"全家福"、四喜丸子、扒肘子、红焖肉、扣肉等菜肴中任选两件相配。四大件是婚宴主菜，质与量都很突出。婚宴中的"四熘炒"多随季节时鲜安排。甜菜常见的有挂浆黄菜、挂浆白蜜、挂浆苹果、冰什锦、烩群鲜等。农村至今还保留着传统的烩碗菜，婚宴上要上"四碗烩"，即丰汤干菜的菜肴，较高级的有烩三样、烩子贝、焖田鸡油、烩蟹肉等，一般的则是烩丸子、烩下水、烩豆腐等。婚宴菜肴必须是偶数，成双成对，以示吉祥。一般为16道菜或18道菜。喜宴开始后，多要派人给新娘的娘家送一桌酒席，称为"回席"。婚宴席间，新娘、新郎频频向客人敬酒，客人酒足饭饱之后还要献茶。

辽宁东部地区还有饮"交杯酒"和"吃合喜面"的仪式。日落前，新娘要出门看日光，称"看日头红"。入夜，新郎新娘入洞房要饮交杯酒。新郎给新娘揭盖头，坐在新娘左边。娶亲人拿一杯酒，让新郎抿一抿；送亲人也拿一杯酒让新娘抿一抿。然后双方酒杯交换，让新郎新娘再抿一口杯中酒。这仪式称饮"交杯酒"。"吃合喜面"是在饮过交杯酒之后，新郎、新娘要吃合喜面（长寿面）。吃时，新郎、新娘双双盘腿坐在炕上。其中张罗喜房的人将面条盛在子孙碗里，再用筷子喂着新郎、新娘吃。新郎、新娘仅象征性地吃一点。

在农村姑娘出嫁以后即属于外家的人，回来就是客，如果和姑爷一起回来，娘家一般都要招待一番。每年正月初三，不论是新婚夫妇还是结婚多年的夫妇，都要回娘家给娘家老人拜年，这时娘家要用最好的吃喝款待女儿、姑爷、外孙、外孙女。

三、少数民族的敬祖饮食礼俗

敬祖是中国传统文化的重要部分，也是中华民族优秀的饮食文化传统。东北地区的一些少数民族在日常饮食中表现出许多敬祖祭祖的礼仪规范。比如在杀猪以后，煮熟的猪肉先要上供祖宗，然后才能食用。春节时要做祭祖馒头，馒头要蒸得又白又暄，认为用不暄的馒头上供不吉利。祭祖的小馒头用15个，分3摞，每摞5个，3个打底，另两个一仰一合摞在上面。另外烹制四样菜，一般都有大块肉、整鸡、整鱼和做好的粉条，鸡表示吉利，鱼表示富裕，粉条表示长寿。

满族祭祖先和神灵时，要吃"背灯肉"（分食祭肉）、"小肉饭"和"大肉饭"。祭祖时要杀猪，用猪头供祭，并请亲友共同饮宴。而且，满族祭祀祖先时还要请萨满来跳神。

鄂伦春人崇拜神灵，崇拜祖先，对神灵和祖先都要祭祀。每年春天或每隔两三年要祭祀诸神一次，也要请萨满跳神。氏族萨满祭祖祭神时，氏族的成员必须参加，并且各自要带来兽肉或飞禽肉作为祭品。萨满请来神时要喝酒，有时还要喝飞禽的血，然后大家共餐祭充的祭品。

赫哲族祭拜祖先时，以鲜鱼、猪肉或狍鹿肉作祭品，先割下一块肉掷到地上表示祭祀祖先，然后人们将供品分享。赫哲人也有以酒祭祖的习俗，如用筷子蘸酒（有的用手指）往空中或地下点三点，表示向祖先祭祀，然后再饮。鄂温克族饮酒时同样也有这种礼仪。

第十一章
改革开放带来东北饮食文化的大发展

改革开放以后，东北社会发生了翻天覆地的变化。经济生产快速发展，东北人民的饮食生活日新月异，传统的食品和菜品都有了新的突破。民间的饮食风俗、饮食观念出现新的特征。与此同时，东北饮食迅速走向全国，与国外诸多地域的饮食文化交流不断，使东北饮食文化内容不断丰富，呈现出多元化发展的新格局，彰显了东北饮食文化的特殊魅力。

第一节　农牧渔业的大发展

1978年党的十一届三中全会以来，中国进行了经济体制改革，首先从农村突破，全国农村普遍实行了家庭联产承包责任制，发展多种经营，兴办第二、三产业。与此同时，国家实行农副产品的多次提价、农村市场全面开放等措施，都极大地调动了农民生产的积极性，使东北地区的农业生产取得了长足的进步，农产品也变得丰富多彩了起来。

一、农牧渔业经济的重大发展

1. 农业畜牧业

改革开放以后，东北地区的粮食种植面积、粮食产量、蔬菜供应以及畜产品的生产都有了巨大的发展。

粮食生产方面，据统计1997年辽宁省人均的粮食占有量就已达387公斤，比改革开放前的1978年人均占有粮食多了100多公斤。吉林省粮食总产量由年产不足1000万吨上升到2250万吨水平，粮食商品率、人均占有量、粮食调出量一直居全国首位。黑龙江省1980年至2002年的23年间，粮食总产量由1980年的1462.4万吨，增加到2002年的2941.2万吨。在东北三省的主要作物中，玉米和大豆的产量分别占全国的32.7%和39.1%，而吉林玉米的出口量居全国之首。全国粮食生产大县前10名中的9个县均分布在东北地区，吉林、黑龙江两省的人均粮食占有量分别居全国的前两位。区际粮食商品率高达55%以上，每年向国家提供商品粮豆，占全国商品粮总数的1/3左右。

在经济作物生产方面，东北各地注意发展特色种植，种植新、奇、特类蔬菜，发展特产业，建成了一批具有相当规模的名、特、优、稀、新的物产品生产基地以及果树生产基地，主要种植野生类的山梨、核桃、山里红、猕猴桃、野草莓等。这种种植业结构的调整，既增加了农民的收入，同时也大大丰富了食品原料市场。

蔬菜产量持续增长。黑龙江省在1984年，全省蔬菜种植面积及产量就已经创历史最高水平。东北地区的蔬菜产量之所以迅速增长，是由于1983年后实行包产到户调动了菜农的生产积极性。同时，各地还积极加强了菜田基本建设，并积极推广塑料棚室、地膜覆盖等蔬菜生产技术。消除了东北地区春季蔬菜、水果"青黄不接"的现象。

畜牧业方面，东北地区在改革开放以后依靠优越的地理优势，使畜牧业也得到迅速发展，畜产品总量、商品率成倍增长。黑龙江省的奶牛饲养量、鲜奶、乳制品在全国独占鳌头。到1998年，黑龙江省人均占有肉类量就已经达到37.8千克、奶类38.3千克、蛋类18.9千克，已经达到世界发达国家的水平。吉林省的畜牧业也已成为全省农村经济的支柱产业并向主导主业迈进。辽宁全省人均占有的肉、蛋、奶量均高于全国平均水平。

2. 渔业、交通运输业

渔业和水产业方面。东北地区海岸线绵长，有广阔的滩涂，众多的内陆水面，是发展渔业和水产业的基础。辽宁省是东北重要的渔业基地，到了1997年全省水产品数量就已经是1978年的6.1倍。黑龙江省的渔业也得到了迅速发展，据有关资料统计：1998年黑龙江省的养鱼面积就已达34万公顷，是1952年的47倍，是1978年的4倍；水产品产量是1949年的20倍，是1978年的16倍。

交通运输的改善，使东北地区的各业发展如虎添翼。改革开放以后，铁路的五次大提速，使东北地区的内外联系更加方便和快捷，辽宁的水果十小时之内即可运到哈尔滨，山东寿光的蔬菜运到黑龙江也就十几个小时。同时，东北地区大批高速公路的修建，城乡道路交通网的改造，使东北各区域之间的食品供应异常快捷、充足，这不仅丰富了东北城乡居民的饮食品种，也拉动了东北地区的食品经济。

3. 极为丰富的各类食品

改革开放以后东北地区的食品不仅供应充足，而且种类繁多。从食品的构成成分来看，有以下二十余类：粮油类、糕饼面包、果脯蜜饯、肉类、水产、调味品、食品添加剂、乳制品、豆制品、蔬菜水果、冷冻食品、零食类、方便食品、休闲食品、保健食品、发酵食品、天然有机食品、干果类、蛋制类、罐头食品、饮料等。其中约有一半为新增食品种类。从食品的出售状态来看，可以分成以下几大类："原状食品"，即没有经过任何加工处理的食品，如直接购买的生肉、没有清洗过的蔬菜；"净菜食品"，即经过处理洗净的食品，如用塑料薄膜包装的各种洗净后的蔬菜；"成品"，即可以马上食用的食品，如盒饭、拌菜、各种主食；"半成品"，即经过初加工后的食品，如切好的、喂好的或过油的食品；"熟食品"，即酱制、熏制、腌制的可长期保存的直接食用的食品。此外，从方便程度来划分，还可以将食品分为"原生食品""速冻食品""方便食品""快餐食品"等。

综上所述，可以见到在改革开放之后，东北地区的食品供应已经从计划经济时代的配给制转向全面开放，人们选择食物的范围逐步扩大，从温饱型转向健康饮食型。

二、绿色农业的发展与绿色食品基地的建设

绿色农业与绿色食品基地的出现是改革开放以后经济发展的重要成果，它反映了社会的进步和人们生活水平的提高，这种新的经济环境使人们的消费观念、消费结构、消费质量都发生了很大的变化。追求自然饮食、追求健康饮食成为现代人的饮食消费理念。面对新的市场需求，东北地区加快发展质量效益型绿色农业，出现了农业生产的新特色。

东北地区有发展绿色农业的优越条件。东北的三江平原、松嫩平原、辽

河平原都是一马平川黑油油的土地，土壤肥沃，土层深厚，耕地平坦。长白山、大小兴安岭是东北亚地区的天然屏障，具有巨大的经济价值和生态价值。这些为东北地区发展绿色农业提供了良好的基础条件。国家已批准吉林省和黑龙江省为我国生态试点省。此后东北各省均已分别建起了一批绿色食品生产基地，同时打造了一批绿色食品名牌。1990年，农业部推出绿色食品工程，经过多年的发展，黑龙江省已成为全国绿色食品生产发展最快的省份，涌现出一批国家级绿色食品加工基地、绿色食品加工企业，绿色食品生产监测面积不断扩大。

绿色食品基地以及绿色产品的出现，符合现代人们追求健康的饮食理念，从根本上改变了过去东北地区饮食高蛋白、高脂肪的传统饮食结构。

第二节　百姓饮食生活的巨大变化

在改革开放以后至今的三十多年里，随着东北农业经济的繁荣发展、产业结构的不断调整、交通运输业的日益便捷，以及各区域饮食文化的相互交流，使东北地区百姓的饮食生活也都随之发生了许多变化，其变化速度超过了以往任何一个历史时期。

一、家庭日常饮食生活的变化

1. 厨房普遍电器化
改革开放后，东北地区居民的经济收入和生活水平方面大大提高，居住环境得到了改善。各家都有了面积不小的专用厨房。在城市，人们注重厨房的功能设计，普遍配置有抽油烟机、电冰箱、微波炉、电饭锅、炉台等电器，实现了电器化、系列化，操作省时、方便、快捷。同时也注意安全和清洁卫生，将水管、煤气管道等管线埋入墙内，并在墙面、地面铺以瓷砖，洁净美观。不少家庭还添加了电饼铛、搅拌机、榨汁机、热水器等新型炊具。为与厨房配套，餐厅的桌椅往往也成套购买。在农村，以往"锅台连着炕"的布局已经改变，出于卫生考虑，一般都将厨房放到房间的内后侧，空间设计更加巧妙。农村家庭的厨房装饰虽然无法与城市相比，但是，灶台和地面也都铺上了瓷砖，普遍使用电饭锅、电水壶、电冰箱等电器。煤气罐在东北农村被广泛使用，不仅节省了烧柴，也改变了卫生状况。

2. "主食不主，副食不副"

改革开放以前，由于东北地区食物匮乏，餐桌上主食多以高产的粗粮为主，用玉米、高粱填饱肚子，是名副其实的"主食"。副食的种类十分单调，多数情况下只是一个菜，最多再加些咸菜，没有太多的副食可供。改革开放以后，这种主食与副食的结构发生了很大变化，出现了"主食不主、副食不副"的饮食特点，大量的副食摆上餐桌，成为每餐的主要食品，相对来说，"主食"倒退而居其次了。副食中不仅有新鲜的地产菜，有各地的时令蔬菜，甚至是进口蔬菜，还有丰富的肉禽蛋类。

日本著名饮食文化学者石毛直道先生在其《饮食文明论》一书中指出："就世界范围来看，不难发现，一旦某一国家的生活水平提高，那里人们食物结构中谷物的比例就会减少，相应的则是以肉为主的动物性蛋白质食品比重的提高。当然，后者的提高是存在着一个合理的度的"。副食虽然在东北地区饮食习惯中占有越来越重要的地位，但并不意味着主食品种的萎缩，相反，更加促进了主食的花样翻新，仅馒头就有白面馒头、黑面馒头、两合面馒头、枣馒头等，主食制作形式也更加多变，如有蒸、炸、烤、烙等。

3. 菜式的"粗、多、大"转向"细、少、精"

盛菜的器皿大、数量多、制作粗是以往东北菜的突出特点。东北地区由于无霜期短，农作物种植时间有限，因此蔬菜种类匮乏是一个难以回避的问题，只有加大菜量才能解决用餐时副食不足的问题。家庭用餐盛菜的盘子直径一般都在6寸左右，饭店多数为7寸。随着食品种类的丰富和市场货源的充足，使得家庭餐桌上的菜品种类大大增加，于是家庭中盛菜的器皿开始变小，每盘的菜量开始减少，菜品质量变精，体现了家庭餐饮质量的大幅度提升。

4. "炖菜"已不是主要形式，咸菜退位

烹制过程简单也是以往东北菜的一个特点，由于冬季漫长，气候寒冷，因此菜肴制作主要以炖菜为主，以利驱寒；同时，东北人多把做饭的余热用于取暖，所以东北地区的锅灶多与室内的取暖设施相连。冬季耗时较长的炖菜兼有取暖的功效，因此炖菜成为东北菜的主要烹饪方式。随着生活条件的改变，冬季取暖设施的齐全，食品原料的丰富，炖菜已不再是东北地区的主要烹制形式了。同样，由于新鲜蔬菜的丰富，咸菜在东北餐桌上的地位也发生了变化，不再是必不可少的、用于下饭的"菜品"，而渐渐离我们远去。

5. 家庭炊事社会化

食品供应充足以后，人们可以在商店里买到几乎任何想吃的主食，而且食用非常方便，即使是大米也有免淘洗的，许多家庭都有电脑型电饭煲，大大节省了用于制作主食的时间，使得家庭炊事劳动大幅度社会化。商店里的副食已经半成品化，甚至成品化，那些洗净切好的蔬菜、配菜、肉类、速冻

食品，以及一些熟食，使主妇们回到家中只需很短的时间就能完成一桌比较丰盛的美餐。另外，城市家庭厨房内储备米、面的现象越来越少，一方面是由于家庭人口的减少和经常在外就餐，另一方面是由于主食制作的社会化，购买极其方便，因此不必过多储粮。

二、家庭用餐习惯的变化

1. 两餐改三餐

长期以来东北地区的居民遇有周末或节假休息日都是每天只吃两顿饭，即上午一顿、下午一顿，上午一般在9：30—10：30之间，下午一般在3：30—4：30之间。这种习俗的形成大概缘于历史上东北地区物质生活的匮乏，粮菜不足。休息日的工作量与活动量相对减少，减少一餐饭，就是一种节约。长此以往便成了习俗。改革开放以后，人们的生活水平大幅度提高，不少家庭改为三餐制。即使有人仍是日进两餐，也已经不是出于节约粮菜的原因，而是基于"减肥"健康、节约时间的考虑了。

如今的三餐制在东北地区占主导地位，但也有了一些变化。比如说早餐，过去东北人习惯早起就炒菜，把早餐当正餐吃，如今十分注意稀干、营养搭配，开始食用面包、牛奶、豆浆、鸡蛋、果酱、果汁等。

午餐历来被认为是正餐，但随着人们工作节奏的加快、休息时间的缩短，一些工薪家庭在外就餐的人越来越多，许多家庭中午不做饭已经成为普遍现象。

晚餐是三餐中用时最多的，大部分时间被做菜所占用，晚餐中的主副食都比较丰富，菜品种类多，质量也比较高。

2. 以工薪族为主体的大众外食族形成

由于生活水平的提高，东北地区城市居民中的购买力也大大增强，并形成了以"工薪族"为主体的外食大众群体，而且这一趋势正在不断发展壮大。这一现象的出现除了与生活节奏的加快需要节约时间以外，也有社会交往的需求，在外就餐可以在享受美味佳肴、体验良好就餐环境的同时，还可以扩大交往视野，是交友、恳谈、缓解工作压力的一种途径。

3. 全家外出就餐

改革开放以后，东北地区的饭店、餐厅、快餐店重新兴起。为家外就餐提供了方便的场所。过去由于受到经济条件的限制，极少有人在外就餐，认为这是不必要的浪费，吃不起。而如今，许多家庭也经常在外就餐，一方面从家务中求得解脱，另一方面也是为了变换就餐环境、活跃家庭气氛、加强家庭成员之间的沟通。

三、饮食健康理念的加强

随着饮食生活水平的提高，人们在选择就餐地点时，更青睐于一些以经营绿色食品、无公害食品为主的饭店。有些饭店不仅果蔬新鲜、卫生、无污染，而且环境怡人，空气清新；有的店里种养了各种热带、亚热带植物，目及所至，使人倍觉心情舒畅、食欲大增。一些地区还出现了更为时尚的作法——餐桌摆进了蔬菜大棚。让顾客自己动手，想吃什么菜随时采摘，这种餐厅的最大特点是不分季节，厅内绿意盎然，小桥流水。棚里种有多种热带植物、特色蔬菜，养殖有活鱼活虾，每个餐桌都与菜地、鱼池相邻，食客们可以穿梭在"田间地垄"寻找自己喜欢吃的蔬菜，把摘下的蔬菜送到餐厅服务员手里，是炒是涮，悉听顾客尊便。这里所有的蔬菜、畜禽均采用安全、无公害方式生产及养殖，从源头上保证了食品的绿色新鲜，由此赢得了大批的食客。因为他们认为这里既有情调，又让都市人享受了田园的乐趣，满足了人们回归自然、融入自然的需要。

第三节　改革开放带来的食俗变迁

既往东北地区的饮食风俗更多地表现为对传统饮食风俗的沿袭，而改革开放后，这种沿袭已经发展为变迁。这种变迁从整体上看，是与全国饮食时尚具有同步性的。从根本上来看，还是改革开放以后人们物质生活的改善促进了人们饮食思想观念的变化，从而带来了风俗的变迁。

一、东北地区饮食的新时尚

1. 年夜饭的新方式

东北地区和全国一样，对"年夜饭"历来都极为重视。"年夜饭"在传统食俗中是一年之中家庭饭局的压轴戏，是全家团圆、亲人团聚的最重要的节日。

各个家庭到了年底都异常忙碌，杀鸡、宰鸭，买肉、买鱼，荤的、素的无所不购。到做饭时，更是男女老少齐上阵，从买到做到洗碗，忙得不亦乐乎。

如今的年夜饭习俗悄然发生了变化。这种变化在城市最为明显，人们为了摆脱劳累和厨艺的不足，过年时开始采集半成品来做，不但节省了时间，而且也不失下厨的乐趣；也有一些家庭则是请厨师上门，既不劳累，还能保证饭菜的精美；还有相当一部分家庭则将年夜饭预定在饭店，不但省去了劳累，品尝到美食，还能享受周到的服务。近几年来，在饭店吃年夜饭越来越成为东北人的时尚。据称在沈阳市，除夕做个"甩手掌柜"，出门去餐馆吃年夜饭，已成了相当一部分沈阳市民的选择。

过年期间，还有被称之为"另类"的年夜饭，即特地选择"洋餐馆"来进行旧年全家的最后一顿聚餐。还有的家庭全部采用无污染的绿色蔬菜烹制年夜饭等。近年来在酒店吃年夜饭的人数迅速增长，经常出现酒店预订爆满，还有的顾客在饭店从大年三十一直吃到大年初四。也出现了预订越来越早的情况。统计下来，约有六成居民选择在家里吃，三成居民去饭店。价位从一千到数千元一桌不等。

从年夜饭的变化中，我们能看到改革开放以后东北地区人们饮食水平的提高，饮食习俗的进步。无论怎样变，年夜饭习俗没有变，人们在问候、祝福声中，在杯觚交错的家宴上，全家人共度岁末的美好时光。

2. 酸菜缸：正在成为居民家的"古董"

随着"翠花，上酸菜！"这句网络歌词的广泛流行，东北酸菜这道传统菜肴在全国大小饭店、家庭餐桌迅速走红，也使得越来越多的人开始认识东北的酸菜。酸菜是用酸渍法保存的一种蔬菜，能健脾、消炎、开胃、爽口。因为东北气候寒冷，每到冬季蔬菜极少，且不易保存，所以酸菜就成为了家家户户的"冬储菜"、看家菜。酸菜可炖、可炒，也可凉拌、做馅、做汤。它伴随着东北人度过了漫长的年代，有人甚至说，离开了酸菜，就不算是东北人了。在东北，人口多的家庭往往要腌很多缸酸菜，一直吃到第二年春天。

因此，家家备有诸多的大缸小坛。然而，近些年来，腌酸菜这一饮食习俗却在发生着变化，在一些家庭，特别是城市家庭，酸菜缸正在渐渐地被遗忘。

东北百姓抛弃了酸菜缸，始于改革开放以后，这一时期东北地区经济迅速发展，蔬菜温室大棚和覆膜技术的推广以及交通的便捷，使得东北地区冬季缺少蔬菜的状况不断缓解。许多城市冬季蔬菜供应已经十分充足，只要想吃随时随地都能买到，因此东北居民冬天不再依赖酸菜。《哈尔滨日报》曾报道：走进哈市的各大菜市场，人们不难发现，各色时令蔬菜应有尽有。有从国外来的美国番茄、以色列茄子、日本的大速生菜，有从国内远道而来的海南圣女小柿子、山东寿光豆角等⋯⋯各种蔬菜一年四季摆满了柜台。而且人们已不是简单地要吃些新鲜青菜了，重要的是要选择"无公害"的蔬菜，讲究吃出"健康"来。据蔬菜部门介绍，哈尔滨市"菜篮子"品种已从过去的老三样增加到了50多个品种，人均蔬菜占有量已达200余公斤。同时政府加大了无公害蔬菜的种植面积，设立了绿色专柜；同时也加大窖储冬菜的力度，满足了居民冬季对蔬菜的需求。现在的哈尔滨市市民已不像以往，冬天还没到就忙着储秋菜。所以，人们不用再被动地食用酸菜，自然酸菜缸就成了"古董"。

即使是有些家庭仍然喜欢吃酸菜，但也告别了酸菜缸。当今的酸菜生产已经全部工业化，一些名品酸菜不断上市，在酸菜加工厂里，一筐筐精选出来的白菜通过现代化的洗烫设备，以及科学卫生的发酵过程，再经过加工、密封、装袋，这一袋袋酸菜就被运往各大市场供顾客选购，极为方便。

3. "洋节"饮食的时兴

改革开放以后，国内越来越多的人开始热衷于"洋节"，像圣诞节、情人节之类。这种过"洋节"和由此催生的"洋节"饮食之风在东北地区很是时兴。

据《沈阳晚报》报道，2002年仅平安夜一天，沈阳市的餐饮收益就达6000万元，翌年平安夜达到7000万元。由于圣诞夜聚会的人特别多，沈城一些五星级酒店纷纷举办圣诞晚宴招徕客源。一些小型洋快餐店也在圣诞这天作足了生意，纷纷在24日夜晚延长营业时间，晚间顾客量几乎达到平时的八九倍。在素称中西文化合璧的哈尔滨，圣诞饮食之风更盛。哈尔滨红博世纪广场华旗酒店曾出现各界千余人共品中、西餐与红酒的火爆场面。"洋节"饮食之风盛行，丰富了人们的日常生活。

4. 粗粮成为美食

改革开放以后人们的日常主食逐步细粮化，大米、白面成为餐桌上的基本主食。但心血管病、糖尿病、肥胖症等"都市文明病"也伴随而来。于是，人们又将粗杂粮请回了餐桌，以降低生病的风险，反映了东北地区人民对健康饮食的追求。

东北地区是玉米、小米、高粱、豆类等粗粮的主要产区。因为粗粮生长时极少使用农药、化肥，这些农作物就成了具有特殊食疗食补作用的天然绿色食品。

如今，东北的大街小巷经常能看到窝头、发糕、大碴粥等粗粮食品，购买者接踵而至。在饭店里，东北的粗粮食品亦受欢迎。为了避免单纯吃粗粮的负效应，粗粮细作在东北地区非常普遍，比如，用粗细粮混合制作金银花卷、杂合面条、杂合面煎饼、杂合面发糕、栗子面馒头、小米面馒头等；还有很多干稀搭配的科学方法，如油条配豆浆，馒头、花卷配玉米粥，或小豆、小米粥、窝头、发糕配面汤或大米粥等。

二、饮食观念的发展和变化

1. 追求绿色安全的食品

20世纪80年代以来，随着工业的迅速发展和城镇的不断扩大，全国三废污染日趋严重，农药、化肥、农膜、有机废弃物、粪便污染等也在加剧。环境污染问题已成为当今社会的一大公害，同时也带来了食品安全问题。各种有害物质通过食物链进入人体后，残留量已远远超过了人体能够承受的限度，从而引发了各种疾病。于是无污染又有益于人体健康的食品——绿色食品便成了当今时代人们的选择。因而东北地区素有的吃纯天然食品之风便更加炽热。

当今，绿色食品在东北的食品超市中随处可见。绿色食品的准确概念是"安全、营养、无公害食品"。它是指经过质量检测部门和环境检测部门按照部颁标准严格检测合格后，再由"国家绿色食品发展中心"发给绿色食品标志的健康食品。

目前，东北三省已经成为全国的绿色食品基地。食用绿色食品也越来越成为东北地区人们的饮食追求。

2. 素食的回归

近年来在东北一些大城市里，市民中高血脂、高血压、高血糖、冠心病等城市富裕病渐多。多由营养过剩、缺少运动等不良生活方式引起。由于受到"三高"饮食带来的健康问题的困扰，"饮食回归自然"在东北地区成为一种新的饮食观念。"食素"，正是这种新食风的体现。提倡素食并非单纯的食素，而是尽量少吃荤、多吃素，保持多种营养成分的平衡，坚持营养的"三低一高"（低盐、低糖、低脂肪、高蛋白）。在这种观念的影响下，催生出很多素食的新吃法，如营养专家倡导吃燕麦、玉米、葱蒜、山药、红枣、地瓜、苹果、芹菜、山楂九道素食刮刮肠油。有的糕点厂家推出了素食糕点，有的大型酒店、餐厅引进了素菜。但是由于历史上东北饮食结构中肉食占据了主要位置，其菜肴素来以汁浓味厚为主要特点，因此，以清淡素食为主的饮食方式还很难一时普遍被口味浓重的东北人所接受。然而，今天很多东北人逐渐意识到了膳食与健康的密切关系，开始有意识地调整膳食结构，注意荤素搭配，口味清淡，营养平衡，青菜、素菜也开始大量出现在家庭餐桌和饭店的宴席上。这种口味上的变化，反映出东北地区居民饮食观念上的转变。

3. 注重食疗保健品

中国自古以来就讲究"医食同源"，先民们总结出有非常多的食品具有食疗保健作用。随着人们的生活水平的不断提高，饮食也由"温饱型"向"保健养生型"转变，在吃饱的同时，也注重食品的个性化和保健功能。我国保健食品的主要功能集中在免疫调节、调节血脂和抗疲劳三项，约占总数的60%左右。

东北地区野生保健食品丰富，有蜂蜜、人参、鹿茸、熊胆、雪蛤油、天麻、刺五加、枸杞、灵芝、不老草等。上述食品很多被引入酿酒业制成了保健酒，如人参酒、熊胆酒、刺五加酒、枸杞酒。有的还被制成了饮品，如人参蜂王浆、雪蛤油等；以保健食品为原料的药膳在东北的许多饭店也十分红火，像东北药膳滋补火锅等。保健食品的出现，反映了改革开放以后东北人追求健康饮食的新理念。

第四节　传统食文化的推陈出新

一、东北地区的传统食品

富饶的黑土地孕育了东北丰厚的物产，勤劳智慧的东北人民将其妙手点染成美食，世代因因相袭，形成了一大批脍炙人口的名牌传统食品，它们与白山黑水共齐名。

辽宁的传统精美食品主要有沟帮子烧鸡（熏鸡）、老山记海城馅饼、老边饺子、马家烧卖和杨家吊炉饼等；吉林主要是李连贵熏肉大饼；黑龙江的传统美食有哈尔滨红肠、列巴、秋林酒心糖、松仁小肚，正阳楼的风干口条、风干香肠和熏鸡、老鼎丰糕点等，这些本地的饮食名品在改革开放以后都再次焕发生机。

1. 沟帮子烧鸡（熏鸡）

"沟帮子烧鸡""沟帮子熏鸡"已有近百年历史。创始人刘世忠原籍安徽，以卖熏鸡为业。光绪二十五年（公元1899年）迁至沟帮子（今辽宁北镇市）落户，在当地老中医的提示下，改进了操作工艺和香料配方，质量显著提高，"熏鸡刘"之名遂传遍辽西。到1927年，当地加工熏鸡店铺增加到十多家。到1952年实行联营，统称"沟帮子联合鸡铺"，使沟帮子熏鸡遍及东北。

2. 老山记海城馅饼

"老山记海城馅饼"是沈阳市传统风味小吃，由毛青山于1920年在辽宁省海城县城（现海城市）创制，1939年迁店至沈阳经营。这种馅饼用温水和面，选猪、牛肉配成鸳鸯馅，以十余种香料煮汁喂馅，选时令蔬菜调馅，荤素相配。用鱼翅、海参、大虾、干贝、鸡脯调馅的高档品种更为鲜美。烙熟的馅饼形圆面黄，鲜香可口，以蒜泥、辣椒油、芥末糊蘸食最好。

3. 老边饺子

"老边饺子"是驰名中外的沈阳特殊风味食品，它历史悠久，从创制到现在已有160多年历史。清道光八年（公元1828年），河北河间府任邱县边家庄，有位叫边福的人来沈阳谋生，在小津桥搭上马架房，立号"边家饺子馆"。虽然门面简陋，但由于精心制作，风味独特，并以水煸馅蒸饺闻名遐迩。边家饺子因为肉馅是煸过的，所以叫煸馅饺子。又由于主人姓边，所以人们都习惯称之为老边家饺子。"老边饺子"先后在沈阳开三家分号，由边氏后裔——边跃、边义、边霖弟兄三人分别经营。由于业务不断发展，今天的老边饺子已发展成为一个设备完善、分工精细的专业饺子馆。老边饺子之所以久负盛名，主要是选料讲究，制作精细，造型别致，口味鲜醇，它的独到之处是调馅和制皮。

4. 马家烧卖

"马家烧卖"是沈阳地区特殊风味的回民小吃。清嘉庆元年（公元1796年）由马春开创，至今已有200多年的历史。当时没有门市，只是以手推独轮车来往于热闹街市，边做边卖。由于马家烧卖选料严格，制作精细，口味好，造型美观，所以深受群众欢迎。清道光八年（公元1828年），由马春之子马广元在小西门拦马墙外开设了两间简陋的门市，立号"马家烧卖馆"，此后营业繁忙，远近闻名。后几经变迁，1961年才最后坐落在小北门里，即现在的马家烧卖馆，由马氏后裔第五代的马继廷担任技术指导。马家烧卖的独到之处是：用开水烫面，柔软筋道，用大米粉做补面，松散不黏，选用牛的三叉、紫盖、腰窝油等三个部位做馅，鲜嫩醇香。

5. 杨家吊炉饼

"杨家吊炉饼"选料精良，制作精细，品式独特，别具一格。这一传统风味是1913年由河北人杨玉田来到吉林洮南创制，当时立号为"杨饼"。由于杨家大饼店生意兴隆，经营不断扩大，于1950年来沈。为了改进单一的经营品种，又增添了带鸡丝花帽的鸡蛋糕。从此，杨家吊炉饼、鸡蛋糕扬名于东北各地。杨家吊炉饼的独到之处是：用温水和面，水的温度和用盐量随着季节变化而增减。饼胚擀好后，上炭炉烤制，上烤下烙，全透出炉。成品形圆面平，呈虎皮色，层次分明，外焦里嫩，清香可口。鸡蛋糕，用肉末、鲜蘑、木耳、海米烹制，添汤勾芡，浇于鸡蛋糕上，呈花帽形，然后将鸡肉撕成细丝置于上端，吃饼佐之，别有风味。卤鲜糕嫩，清香醇厚，再佐以辣椒油、蒜泥食用，更是锦上添花，风味独特。

6. 李连贵熏肉大饼

"李连贵熏肉大饼"不仅在东北地区有名气，就是在关内、海外也都有名。1842年，李连贵的父亲李盛在吉林梨树县开了一个熟肉下货店，字号叫"兴盛厚"。传到李连贵手里，迁到四平市，增加了几味煮肉的中药，改进了大饼的投料，不久李连贵熏肉大饼出了名。"兴盛厚"的字号反而渐渐不为人所知了，后来干脆挂出了"李连贵熏肉大饼店"的招牌。李连贵熏肉、大饼的加工技术一直严守秘密，祖孙数代全都干这一行，从不雇用外人。1957年公私合营后才把加工技术公开出来。现在东北各地和全国某些大城市几乎都有李连贵熏肉大饼店，而正宗的只有沈阳、四平两家，分别由李连贵的嫡孙李春生和他的一个侄儿主持。

7. 正阳楼的风干香肠、风干口条、熏鸡、松仁小肚

哈尔滨"正阳楼"肉制品厂生产的风干香肠，在北方肉肠中被誉为上乘

佳品，已有70多年历史。"风干香肠"选用新鲜瘦肉，加有砂仁、桂皮、豆蔻等作料，药香郁口，饶有中式风味，被国家商业部评为优质产品。"风干口条"相传已有150多年历史，其特点是不软不硬，咸淡适口，越吃越起香，滋味深长。京字牌"松仁小肚"也是哈尔滨正阳楼风味独特的肉类制品。主要以松仁的清香提味，切开后颜色正，香气四溢，肥而不腻。由于使用绿豆淀粉，因而又具有透明度好、细嫩而富有弹性、切片薄而不碎等特点。"熏鸡"也是哈尔滨正阳楼的特制产品，具有独特风味。生产这些美食的哈尔滨正阳楼肉制品厂是哈尔滨最早的中式风味肉制品厂，它的前身是京都正阳楼，是由北京来哈的王孝庭、宋文治等"老三股"于清朝宣统三年（公元1910年）三月开设，地址在傅家甸东西大街路北（今哈百四商店处）。之后，该店迁到北三道街91号（今正阳楼门市部处），以生产风干香肠、松仁小肚、烧鸡、酱肉等风味肉制品而著称。

8. 哈尔滨红肠

"哈尔滨红肠"有几十种，其中以"力道斯"牌和大众牌红肠最为有名。"力道斯"，语出俄语"立陶弗斯尼亚"，即"立陶宛肠"，这是哈尔滨极有特色的食品。该红肠个头均匀、肠衣透明，肥瘦相宜，切片坚实，面有光泽。肉香浓郁，略带辛味，耐咀嚼。"力道斯"红肠的生产厂家为哈尔滨灌肠厂。大众牌红肠也是哈尔滨红肠中备受青睐的一种，已有百年历史。哈尔滨肉类联合加工厂因生产这种红肠而驰名。大众牌红肠呈枣红色，肠体干爽，富有弹性，肠质结构细密，切面光润，熏烟芳香，防腐易存。

9. 秋林酒心糖

哈尔滨市秋林公司糖果工厂生产的冰帆牌酒心糖是由茅台酒、五粮液、郎酒、董酒、剑南春、西凤等国家名酒和龙滨酒、玉泉酒等地方名酒为酒心，加以特级白糖、高级巧克力等原料精制而成。味香浓郁、皮薄多汁、入口酥脆，深受人们喜爱。

10. 哈尔滨大列巴

哈尔滨"大列巴"亦称大面包，被称为哈尔滨一绝，是哈尔滨独特的风味食品。哈尔滨秋林公司和华梅西餐厅生产这种大面包已有七八十年的历史。面包为圆形，有5斤重，是面包之冠。出炉后的大面包，外皮焦脆，内瓤松软，香味独特，又宜存放，具有传统的欧洲风味。

11. 老鼎丰糕点

"老鼎丰"糕点是哈尔滨有名的老字号，已有60多年的历史。其中以月饼最为著名，成品酥松利口、细腻酥软、多味融合、久放不干。

二、改革开放后的东北饮品业

在东北地区的饮品中，啤酒占有重要地位，因为近代中国最早生产啤酒就是在东北地区。1900年出产的哈尔滨啤酒，一百年来一直享誉国内市场。改革开放以来，哈尔滨啤酒集团的销售网络不仅遍布东北三省以及北京、天津、上海、成都、南京、广州、深圳等国内大中型城市，同时还远销英国、德国、瑞士、美国、俄罗斯、新加坡、中国香港等20多个国家和地区，品牌日趋国际化。

除啤酒以外，东北地区也是白酒、黄酒、葡萄酒、果露酒、配制酒的重要产地。在改革开放以前的两次全国评酒会上，东北地区的获奖酒类非常少。1952年第一届北京评酒会，东北没有酒类获奖。1963年第二届北京评酒会，全东北有获奖白酒3种，优质黄酒1种，优质葡萄酒2种。优质果露酒3种。到改革开放以后的1979年第三届评酒会上，东北获奖酒类开始增多，其中有白酒2种，葡萄酒2种，果露酒4种，黄酒1种，啤酒1种。到1983—1985年的第五届评酒会，东北获奖酒类进一步增加，获奖的有黄酒1种，果酒6种，配制酒2种，白酒7种。

乳制品并不是东北百姓传统饮食的必需品，但是改革开放以后，东北地区牛奶的生产和需求量却呈现出较高的增长态势。在城市家庭，无论是老人、儿童，还是成人每天都要消耗一定的牛奶或酸奶，很多家庭早餐中都增加了牛奶；在农村，奶粉成了老人、婴幼儿的重要营养品。东北地区畜牧业在国内占有重要地位，东北各省也都有一批乳制品生产的大中型企业，如辽宁省的沈阳乳业有限责任公司、吉林省的广泽乳业有限公司等。黑龙江是生产奶粉的大省，奶制品业是黑龙江的支柱产业，原料奶量占全国产奶量的25％。乳品产量占全国总产量的近三分之一，加工能力居全国首位，是全国牛奶产量的第一大省。黑龙江省的"龙丹"、"完达山"系列乳制品是闻名全国的名牌。

三、东北餐饮业、食品业与国内外的交流

"东北菜"又称"关东菜"，是20世纪70年代在中国大陆餐饮业逐步流行起来的说法。传统东北菜是在满族菜肴的基础上，吸收全国各地方菜，特别是鲁菜和京菜之所长而形成的。以酱菜、腌菜等为主要特色，符合北方人的饮食习惯，口味重，偏咸口。其特点是：一菜多味，咸甜分明，酥烂香脆，色鲜味浓。烹调长于扒、炸、烧、爆、蒸、炖、氽、火锅。名菜有"白肉血肠""氽白肉""什锦火锅"等。特色菜有东北大拉皮、小鸡炖蘑菇、地三鲜、

土豆炖肉、酱大骨头、锅包肉等。但地方风味最厚重的东北菜还是以"炖"为主。

开放包容、兼收并蓄一直是东北地区饮食文化的历史性特征。改革开放以后，随着餐饮业的蓬勃发展，区域饮食业之间也在不断地交流。东北菜，以及稍后形成的辽菜、吉菜和龙江菜在全国各地纷纷安家落户，与此同时，中国各地的传统美食也陆续地踏上了东北这片土地。

现在，在东北的大多数城市，全国各地的菜肴基本上都有经营的，川、鲁、粤菜更是常见。"老四川"饭店遍布东北的大街小巷，潮州食府、客家饭店频频出现。不但国内美食应有尽有，国外的美食也不断涌来，西餐厅、咖啡厅比比皆是。在欧陆风情浓重的哈尔滨，俄式西餐在20世纪初就已经在哈埠落户，如著名的华梅西餐厅有近百年历史，现在由中国人经营。同时也有俄罗斯人开设的俄式西餐厅，东方莫斯科西餐厅就属这一类。此外，韩国料理、日本料理、巴西烤肉也都在东北各地立足。

至于面食类，西北的拉面、山西的刀削面融入东北民众的时间则更早。现在，走在东北城市的大街上，就能吃到新疆师傅烤的地道的新疆风味羊肉串，尝到云南的过桥米线、四川的担担面，品到韩国冷面、日本和风拉面等。

在糕点类食品上，哈尔滨的俄罗斯及欧洲风味的糕点非常有名，老鼎丰、秋林都是名店。近些年米旗、好利来等域外糕点也纷至沓来。

饮品类中，在哈啤受到东北人青睐的同时，五星、青岛等品牌啤酒也在东北各大城市随处可见，全国各种名酒也应有尽有。虽然东北已经是奶品之乡，但内蒙古的伊利、蒙牛、上海的光明奶品也都摆在东北超市的货架上。尤其值得注意的是，在国内各种小吃、快餐在东北兴盛的同时，肯德基、麦当劳等国外快餐店也来到中国东北市场，它给传统的东北饮食带来了很大的影响，尤其是对东北青少年饮食方式的改变。

　　总之，改革开放三十多年来，东北饮食文化发生了质的飞跃。那种边外之地粗犷的饮食之风虽然古风犹存，但已经走向细腻化，饮食文化的内涵在不断丰富。东北人民在创造自己饮食文明的同时，也在海纳百川、兼收并蓄。在东北的饮食文化中你能看到中国，也能看到世界；随着东北饮食文化的传播，相信有一天，无论在中国、还是世界你都能看到东北。

参考文献[※]

一、古籍文献

[1] 论语. 十三经注疏本. 北京：中华书局，1980.

[2] 礼记. 十三经注疏本. 北京：中华书局，1980.

[3] 左传. 十三经注疏本. 北京：中华书局，1980.

[4] 董增龄. 国语正义. 成都：巴蜀书社，1985.

[5] 韩非子. 诸子集成本. 北京：中华书局，1980.

[6] 古本竹书纪年辑证. 方诗铭，王修龄，校注. 上海：上海古籍出版社，1981.

[7] 司马迁. 史记. 北京：中华书局，1982.

[8] 班固. 汉书. 北京：中华书局，1962.

[9] 刘向. 管子. 北京：北京燕山出版社，1995.

[10] 本书整理小组. 马王堆汉墓帛书：肆. 北京：文物出版社，1985.

[11] 崔寔. 四民月令. 北京：中华书局，1965.

[12] 刘熙. 释名. 长春：吉林出版集团，2005.

[13] 陈寿. 三国志. 北京：中华书局，1959.

[14] 范晔. 后汉书. 北京：中华书局，1965.

[15] 贾思勰. 齐民要术校释. 缪启愉，校释. 北京：农业出版社，1982.

[16] 魏收. 魏书. 北京：中华书局，1974.

[17] 房玄龄. 晋书. 北京：中华书局，1974.

[18] 刘昫，等. 旧唐书. 北京：中华书局，1975.

[19] 洪皓. 松漠纪闻：卷上. 明顾氏文房小说本.

[20] 徐梦莘. 三朝北盟会编：卷三. 上海：上海古籍出版社，2008.

[21] 庞元英. 文昌杂录. 台北：台湾商务印书馆，1986.

[22] 叶隆礼. 契丹国志. 上海：上海古籍出版社，1985.

[23] 孟珙. 蒙鞑备录校注. 上海：上海古籍出版社，1995.

※ 编者注：本书"参考文献"，主要参照中华人民共和国国家标准GB/T 7714-2005《文后参考文献著录规则》著录。

［24］元典章. 影印元刻本. 台北："台湾故宫博物院"，1972.

［25］脱脱，等. 辽史. 北京：中华书局，1974.

［26］脱脱，等. 金史. 北京：中华书局，1975.

［27］宋濂，等. 元史. 北京：中华书局，1976.

［28］明太宗实录：卷40. 上海：上海书店，1982.

［29］宋应星. 天工开物. 广州：广东人民出版社，1976.

［30］李时珍. 本草纲目. 北京：人民卫生出版社，2004.

［31］陈邦瞻. 宋史纪事本末. 北京：中华书局，1977.

［32］陈子龙. 明经世文编：卷三一八. 北京：中华书局，1962.

［33］方拱乾. 绝域纪略∥黑龙江述略：外六种. 哈尔滨：黑龙江人民出版社，1986.

［34］来集之. 倘湖樵书. 上海：上海古籍出版社，2002.

［35］吴桭臣. 宁古塔纪略∥龙江三纪. 哈尔滨：黑龙江人民出版社，1985.

［36］杨宾. 柳边纪略：卷三. 上海：商务印书馆，1936.

［37］天聪九年档. 天津：天津古籍出版社，1987.

［38］清世祖实录：卷五. 北京：中华书局，2008.

［39］方式济. 龙沙纪略. 上海：上海古籍出版社，1993.

［40］鄂尔泰，等. 八旗通志. 长春：东北师范大学出版社，1985.

［41］赵翼. 簷曝杂记. 北京：中华书局，1982.

［42］徐宗亮，等. 黑龙江述略. 哈尔滨：黑龙江人民出版社，1985.

［43］徐珂. 清稗类钞. 北京：中华书局，1984.

［44］西清. 黑龙江外纪：卷八. 刻本. 清光绪广雅书局.

［45］吴任臣. 山海经广注. 刻本，1667（清康熙六年）.

［46］徐宗亮，等. 黑龙江述略. 哈尔滨：黑龙江人民出版社，1985.

［47］杨宾. 柳边纪略：卷三. 上海：商务印书馆，1936.

［48］陈元龙. 格致镜原. 扬州：江苏广陵古籍刻印社，1987.

［49］姚际恒. 诗经通论. 铁琴山馆刻本，1837（清道光十七年）.

［50］金梁. 黑龙江通志纲要. 铅印本，1911（清宣统三年）.

［51］袁枚. 随园食单. 扬州：广陵书社，1998.

［52］清德宗实录. 影印本. 北京：中华书局，1987.

［53］徐世昌. 退耕堂政书：卷九. 台北：文海出版社，1968.

［54］日本辽东兵站监部. 满洲要览. 奉天自卫社译本，1907（光绪三十三年）.

［55］日本陆军参谋本部. 满蒙资源要览. 日本：东京，1932.

二、现当代著作

［1］斯拉德科夫斯基. 中国对外经济关系简史. 北京：财政经济出版社，1956.

［2］中央编译局. 马克思恩格斯选集：第4卷. 北京：人民出版社，1970.

［3］金毓黻. 辽海丛书·全辽志. 台北：艺文印书馆，1970—1972.

［4］中央编译局. 马克思恩格斯全集：第20卷. 北京：人民出版社，1971.

［5］吴晗. 朝鲜李朝实录中的中国史料. 北京：中华书局，1980.

［6］翦伯赞. 中国史纲要. 北京：人民出版社，1983.

［7］王金林. 简明日本古代史. 天津：天津人民出版社，1984.

［8］孔经纬. 东北地区资本主义发展史研究. 哈尔滨：黑龙江人民出版社，1987.

［9］托马斯·哈定，等. 文化与进化. 韩建军，等，译. 杭州：浙江人民出版社，1987.

［10］摩尔根. 古代社会. 北京：商务印书馆，1987.

［11］吴正格. 满族食俗与清宫御膳. 沈阳：辽宁科技出版社，1988.

［12］熊寥. 陶瓷审美与中国陶瓷审美的民族特征. 杭州：浙江美院出版社，1989.

［13］赵荣光. 中国饮食史论. 哈尔滨：黑龙江科学技术出版社，1990.

［14］金毓黻. 中国东北通史. 长春：吉林文史出版社，1991.

［15］谭英杰，等. 黑龙江区域考古学. 北京：中国社会科学出版社，1991.

［16］文史知识编辑部. 古代礼制风俗漫谈. 北京：中华书局，1992.

［17］张志立，王宏刚. 东北亚历史与文化. 沈阳：辽沈书社，1992.

［18］波少布. 黑龙江民族历史与文化. 北京：中央民族学院出版社，1993.

［19］黑龙江省地方志编纂委员会. 黑龙江省志农业志. 哈尔滨：黑龙江人民出版社，
1993.

［20］王幼樵，肖效钦. 当代中国史. 北京：首都师范大学出版社，1994.

［21］冯永谦，李殿福，张泰湘. 东北考古研究. 郑州：中州古籍出版社，1994.

［22］魏国忠. 东北民族史研究. 郑州：中州古籍出版社，1994.

［23］中央编译局. 马克思恩格斯选集：第3卷. 北京：人民出版社，1995.

［24］赵荣光. 赵荣光食文化论集. 哈尔滨：黑龙江人民出版社，1995.

［25］中央编译局. 马克思恩格斯选集：第21卷. 北京：人民出版社，1995.

［26］长春市地方志编纂委员会．长春市志·蔬菜志．长春：吉林人民出版社，1996.

［27］王泽应，等．公关礼仪学．长沙：中南工业大学出版社，1998.

［28］L．L．卡瓦利·斯福扎，F．卡瓦利·斯福扎．人类的大迁徙．乐俊河，译．北京：科学出版社，1998.

［29］安柯钦夫．中国北方少数民族文化．北京：中央民族大学出版社，1999.

［30］辛培林，等．黑龙江开发史．哈尔滨：黑龙江人民出版社，1999.

［31］姜艳芳，齐春晓．东北史简编．哈尔滨：哈尔滨出版社，2001.

［32］秦大河，等．中国人口资源环境与可持续发展．北京：新华出版社，2002.

［33］朱正义．漫话满族风情．沈阳：辽宁出版社，2002.

［34］张碧波，董国尧．中国古代北方民族文化史．哈尔滨：黑龙江人民出版社，2003.

［35］梁漱溟．东西文化及其哲学．北京：商务印书馆，2003.

［36］赵荣光．中国饮食文化研究．香港：东方美食出版社，2003.

［37］王勇．书籍之路研究．北京：北京图书馆出版社，2003.

［38］马克思．资本论：第3卷．北京：人民出版社，2004.

［39］赵荣光．衍圣公府食事档案研究．济南：山东画报出版社，2007.

［40］金颖．近代东北地区水田农业发展史研究．北京：中国社会科学出版社，2007.

三、期刊、报纸

［1］远东报．1911-3-1.

［2］东方杂志．上海：上海商务印书馆，1917（6）.

［3］东方杂志．上海：上海商务印书馆，1918（8）.

［4］魏国忠．渤海人口考略．求是学刊．1983（3）.

［5］方殿春，刘葆华．辽宁阜新县胡头沟红山文化玉器墓的发现．文物．1984（6）.

［6］史谭．中国饮食史阶段性问题刍议．商业研究．1987（2）.

［7］李元．酒与殷商文化．学术月刊．1994（5）.

［8］王大方．漫话元代的馒头．中国文物报．1998-1-4.

［9］安家瑗．金牛山人头骨．中国文物报．1998-1-11.

［10］王大方．契丹人的蔬菜和水果．中国文物报．1999-3-7.

［11］王仁湘．食肆酒楼任逍遥．中国文物报．1999-4-25.

［12］王大方．寻访元代古酒的遗韵．中国文物报．2000-1-16.

［13］金天浩，赵荣光. 韩蒙之间的肉食文化比较. 商业经济与管理. 2000（4）.

［14］李炳泽. 奶粥在中国饮食文化中的地位. 黑龙江民族丛刊，2002（2）.

［15］赵荣光. 中国传统膳食结构中的大豆与中国菽文化. 饮食文化研究. 2002（2）.

［16］赵荣光. 历史演进视野下的东北菜品文化. 饮食文化研究. 2003（4）.

［17］村井康彦. 从遣唐使船到唐商船——9世纪日中交流的演变. 郑州大学学报：哲学社会科学版，2008（5）.

索　引[※]

※　编者注：本书"索引"，主要参照中华人民共和国国家标准GB/T 22466-2008《索引编制规则
　　（总则）》编制。

中国饮食文化史

东北地区卷

后记

古人云："民以食为天。"在浩瀚的历史文化中，饮食文化堪居重位，只要有人存在，该文化就会存在，它不因历史更迭而中断，却随时代发展以拾阶，走向进步，走向丰富。早在原始社会时期，我国东北地区就陆续有先民活动，他们在白山黑水间披荆斩棘，世代延绵，在创造出一方辉煌璀璨悠久历史的同时，也创造出独具特色的饮食文化。《中国饮食文化史·东北地区卷》正是以如此广阔的历史发展为背景，以可靠的史料记载为基础，辅之以考古发掘，兼述各民族风貌，将葱茏丰厚的几千年东北饮食文化发展状况呈现在大家面前。

在写作过程中，为了搜集资料，得诸多同仁协助四处奔波，甚或奔赴省外；撰稿同志终日辛苦，"爬格"熬灯，数与商榷，探析翔实；有关专家热情参与考证，颇为弥补史料阙如之憾事；笔者统校全书力求毫厘之尽，以免千里之谬。如此等等，方致该书写作于滞笔处能陡然奋起，在碰壁后又柳暗花明。漫观冬日白雪飞舞，喜闻春天梅花吐绽，品窗前树老花繁，迎九月硕果累累，日日年年，四季交替，该书终于迎来付梓之时。

本书由王建中、吴昊负责第一章、第九章、第十章、第十一章的撰写；吕丽辉负责第二章、第三章、第四章的撰写；周鸿承、姜艳芳负责第五章的撰写，姜艳芳还撰写了第六章、第七章部分；段光达、齐春晓负责第八章的撰写；全书由周鸿承、吴昊进行编订、修改、校对和补充。

此书能够顺利完成，要感谢诸多友人的热忱帮助。首先要感谢著名饮食文化专家浙江工商大学的赵荣光先生，他于百忙之中拨冗阅正书稿，提出极有价值的建议，使笔者获益匪浅。此外，黑龙江大学旅游学院吴树国、周喜峰、祁颖、朱桂凤、陈凯等老师，在本书的写作过程中，帮助搜集、整理大量的原始资料，为书稿的最终完成做出重要贡献，在此一并致谢。

　　书中舛错之处在所难免，恳请读者指正批评。

吕丽辉

2013年8月于杭州电子科技大学

为了心中的文化坚守

——记《中国饮食文化史》(十卷本)的出版

《中国饮食文化史》(十卷本)终于出版了。我们迎来了迟到的喜悦,为了这一天,我们整整守候了二十年!因此,这一份喜悦来得深沉,来得艰辛!

(一)

谈到这套丛书的缘起,应该说是缘于一次重大的历史机遇。

1991年,"首届中国饮食文化国际学术研讨会"在北京召开。挂帅的是北京市副市长张建民先生,大会的总组织者是北京市人民政府食品办公室主任李士靖先生。来自世界各地及国内的学者济济一堂,共叙"食"事。中国轻工业出版社的编辑马静有幸被大会组委会聘请为论文组的成员,负责审读、编辑来自世界各地的大会论文,也有机缘与来自国内外的专家学者见了面。

这是一次高规格、高水准的大型国际学术研讨会,自此拉开了中国食文化研究的热幕,成为一个具有里程碑意义的会议。这次盛大的学术会议激活了中国久已蕴藏的学术活力,点燃了中国饮食文化建立学科继而成为显学的希望。

在这次大会上,与会专家议论到了一个严肃的学术话题——泱泱中国,有着五千年灿烂的食文化,其丰厚与绚丽令世界瞩目——早在170万年前元谋(云南)人即已发现并利用了火,自此开始了具有划时代意义的熟食生活;古代先民早已普遍知晓三点决定一个平面的几何原理，制造出了鼎、鬲等饮食容器；先民发明了二十四节气的农历，在夏代就已初具雏形，由此创造了中华民族最早的农耕文明；中国是世界上最早栽培水稻的国家，也是世界上最早使用蒸汽烹饪的国家；中国有着令世界倾倒的美食；有着制作精美的最早的青铜器酒具，有着世界最早的茶学著作《茶经》……为世界饮食文化建起了一座又一座的丰碑。然而，不容回避的现实是，至今没有人来系统地彰显中华民族这些了不起的人类文明，因为我们至今都没有一部自己的饮食文化史，饮食文化研究的学术制高点始终掌握在国外学者的手里，这已成为中国学者心中的一个痛，一个郁郁待解的沉重心结。

这次盛大的学术集会激发了国内专家奋起直追的勇气，大家发出了共同的心声：全方位地占领该领域学术研究的制高点时不我待！作为共同参加这次大会的出版工作者，马静和与会专家有着共同的强烈心愿，立志要出版一部由国内专家学者撰写的中华民族饮食文化史。赵荣光先生是中国饮食文化研究领域建树颇丰的学者，此后由他担任主编，开始了作者队伍的组建，东西南北中，八方求贤，最终形成了一支覆盖全国各个地区的饮食文化专家队伍，可谓学界最强阵容。并商定由中国轻工业出版社承接这套学术著作的出版，由马静担任责任编辑。

此为这部书稿的发端，自此也踏上了二十年漫长的坎坷之路。

（二）

撰稿是极为艰辛的。这是一部填补学术空白与出版空白的大型学术著作，因此没有太多的资料可资借鉴，多年来，专家们像在沙里淘金，爬梳探微于浩瀚古籍间，又像春蚕吐丝，丝丝缕缕倾吐出历史长河的乾坤经纶。冬来暑往，饱尝运笔滞涩时之苦闷，也饱享柳暗花明时的愉悦。杀青之后，大家一心期待着本书的出版。

然而，现实是严酷的，这部严肃的学术著作面临着商品市场大潮的冲击，面临着生与死的博弈，一个绕不开的话题就是经费问题，没有经费将寸步难行！我们深感，在没有经济支撑的情况下，文化将没有任何尊严可言！这是苦苦困扰了我们多年的一个苦涩的原因。

一部学术著作如果不能靠市场赚得效益，那么，出还是不出？这是每个出版社都必须要权衡的问题，不是一个责任编辑想做就能做决定的事情。1999年本书责任编辑马静生病住院期间，有关领导出于多方面的考虑，探病期间明确表示，该工程必须下马。作为编辑部的一件未尽事宜，我们一方面八方求助资金以期救活这套书，另一方面也在以万分不舍的心情为其寻找一个"好人家""过继"出去。由于没有出版补贴，遂被多家出版社婉拒。在走投无路之时，马静求助于出版同仁、老朋友——上海人民出版社的李伟国总编辑。李总编学历史出身，深谙我们的窘境，慷慨出手相助，他希望能削减一些字数，并答应补贴10万元出版这套书，令我们万分感动！

但自"孩子过继"之后，我们心中出现的竟然是在感动之后的难过，是"过继"后的难以割舍，是"一步三回头"的牵挂！"我的孩子安在？"时时袭上心头，遂"长使英雄泪满襟"——它毕竟是我们已经看护了十来年的孩子。此时心中涌起的是对自己无钱而又无能的自责，是时时想"赎回"的强烈愿望！至今写到这里仍是眼睛湿润唏嘘不已……

经由责任编辑提议，由主编撰写了一封情辞恳切的"请愿信"，说明该套丛书出版的重大意义，以及出版经费无着的困窘，希冀得到饮食文化学界的一位重量级前辈——李士靖先生的帮助。这封信由马静自北京发出，一站一站地飞向了全国，意欲传到十卷丛书的每一位专家作者手中签名。于是这封信从东北飞至西北，从东南飞至西南，从黄河飞至长江……历时一个月，这封满载着全国专家学者殷切希望的滚烫的联名信件，最终传到了"北京中国饮食文化研究会"会长、北京市人民政府食品办公室主任李士靖先生手中。李士靖先生接此信后，如双肩荷石，沉吟许久，遂发出军令一般的誓言：我一定想办法帮助解决经费，否则，我就对不起全国的专家学者！在此之后，便有了知名企业家——北京稻香村食品有限责任公司董事长、总经理毕国才先生慷慨解囊、义举资助本套丛书经费的感人故事。毕老总出身书香门第，大学读的是医学专业，对中国饮食文化有着天然的情愫，他深知这套学术著作出版的重大价值。这笔资助，使得这套丛书得以复苏——此时，我们的深切体会是，只有饿了许久的人，才知道粮食的可贵！……

在我们获得了活命的口粮之后，就又从上海接回了自己的"孩子"。在这里我们要由衷感谢李伟国总编辑的大度，他心无半点芥蒂，无条件奉还书稿，至今令我们心存歉意！

有如感动了上苍，在我们一路跌跌撞撞泣血奔走之时，国赐良机从天而降——国家出版基金出台了！它旨在扶助具有重要出版价值的原创学术精品力作。经严格筛选审批，本书获得了国家出版基金的资助。此时就像大旱中之云霓，又像病困之人输进了新鲜血液，由此全面盘活了这套丛书。这笔资金使我们得以全面铺开精品图书制作的质量保障系统工程。后续四十多道工序的工艺流程有了可靠的资金保证，从此结束了我们捉襟见肘、寅吃卯粮的日子，从而使我们恢复了文化的自信，感受到了文化的尊严！

（三）

我们之所以做苦行僧般的坚守，二十年来不离不弃，是因为这套丛书所具有的出版价值——中国饮食文化是中华文明的核心元素之一，是中国五千年灿烂的农耕文化和畜牧渔猎文化的思想结晶，是世界先进文化和人类文明的重要组成部分，它反映了中国传统文化中的优秀思想精髓。作为出版人，弘扬民族优秀文化，使其走出国门走向世界，是我们义不容辞的责任，尽管文化坚守如此之艰难。

季羡林先生说，世界文化由四大文化体系组成，中国文化是其中的重要组成部分（其他三个文化体系是古印度文化、阿拉伯-波斯文化和欧洲古希腊-古罗马文化）。中国是世界上唯一没有中断文明史的国家。中国自古是农业大国，有着古老而璀璨的农业文明，它是中国饮食文化的根基所在，就连代表国家名字的专用词"社稷"，都是由"土神"和"谷神"组成。中国饮食文化反映了中华民族这不朽的农业文明。

中华民族自古以来就有着"五谷为养，五果为助，五畜为益，五菜为充"的优良饮食结构。这个观点自两千多年前的《黄帝内经》时就已提出，在两千多年后的今天来看，这种饮食结构仍是全世界推崇的科学饮食结构，也是当代中国大力倡导的健康饮食结构。这是来自中华民族先民的智慧和骄傲。

中华民族信守"天人合一"的理念，在年复一年的劳作中，先民们敬畏自然，尊重生命，守天时，重时令，拜天祭地，守护山河大海，守护森林草原。先民发明的农历二十四个节气，开启了四季的农时轮回，他们既重"春日"的生发，又重"秋日"的收获，他们颂春、爱春、喜秋、敬秋，创造出无数的民俗、农谚。"吃春饼""打春牛""庆丰登"……然而，他们节俭、自律，没有掠夺式的索取，他们深深懂得人和自然是休戚与共的一体，爱护自然就是爱护自己的生命，从不竭泽而渔。早在周代，君王就已经认识到生态环境安全与否关乎社稷的安危。在生态环境严重恶化的今天，在掠夺式开采资源的当代，对照先民们信守千年的优秀品质，不值得当代人反思吗?

中华民族笃信"医食同源"的功用,在现代西方医学传入中国以前,几千年来"医食同源"的思想护佑着中华民族的繁衍生息。中国的历史并非长久的风调雨顺、丰衣足食,而是灾荒不断,迫使人们不断寻找、扩大食物的来源。先民们既有"神农尝百草,日遇七十二毒"的艰险,又有"得茶而解"的收获,一代又一代先民,用生命的代价换来了既可果腹又可疗疾的食物。所以,在中华大地上,可用来作食物的资源特别多,它是中华先民数千年戮力开拓的丰硕成果,是先民们留下的宝贵财富;"医食同源"也是中国饮食文化最杰出的思想,至今食疗食养长盛不衰。

中华民族有着"尊老"的优良传统,在食俗中体现尤著。居家吃饭时第一碗饭要先奉给老人,最好吃的也要留给老人,这也是农耕文化使然。在古老的农耕时代,老人是农耕技术的传承者,是新一代劳动力的培养者,因此使老者具有了权威的地位。尊老,是农耕生产发展的需要,祖祖辈辈代代相传,形成了中华民族尊老的风习,至今视为美德。

中国饮食文化的一个核心思想是"尚和",主张五味调和,而不是各味单一,强调"鼎中之变"而形成了各种复合口味,从而构成了中国烹饪丰富多彩的味型,构建了中国烹饪独立的文化体系,久而升华为一种哲学思想——尚和。《中庸》载"和也者,天下之达道",这种"尚和"的思想体现到人文层面的各个角落。中华民族自古崇尚和谐、和睦、和平、和顺,世界上没有哪一个国家能把"饮食"的社会功能发挥到如此极致,人们以食求和体现在方方面面:以食尊师敬老,以食馈友待客,以宴贺婚、生子以及升迁高就,以食致歉求和,以食表达谢意致敬……"尚和"是中华民族一以贯之的饮食文化思想。

"一方水土养一方人"。这十卷本以地域为序,记述了在中国这片广袤的土地上有如万花筒一般绚丽多彩的饮食文化大千世界,记录着中华民族的伟大创造,也记述了各地专家学者的最新科研成果——旧石器时代的中晚期,长江下游地区的原始人类已经学会捕鱼,使人类的食源出现了革命性的扩大,从而完成了从蒙昧到文明的转折;早在商周之际,长江下游地区就已出现了原始瓷;春秋时期筷子已经出现;长江中游是世界上最早栽培稻类作物的地区。《吕氏春秋·本味》述于2300年前,是中国历史上最早的烹饪"理论"著作;中国最早的古代农业科技著作是北魏高阳(今山东寿光)太守贾思勰的《齐民要术》;明代科学家宋应星早在几百年前,就已经精辟论述了盐与人体生命的关系,可谓学界的最先声;新疆人民开凿修筑了坎儿井用于农业灌溉，是农业文化的一大创举；孔雀河出土的小麦标本，把小麦在新疆地区的栽培历史提早到了近四千年前；青海喇家面条的发现把我国食用面条最早记录的东汉时期前提了两千多年；豆腐的发明是中国人民对世界的重大贡献；有的卷本述及古代先民的"食育"理念；有的卷本还以大开大阖的笔力，勾勒了中国几万年不同时期的气候与人类生活兴衰的关系等等，真是处处珠玑，美不胜收！

这些宝贵的文化财富，有如一颗颗散落的珍珠，在没有串成美丽的项链之前，便彰显不出它的耀眼之处。如今我们完成了这一项工作，雕琢出了一串光彩夺目的珍珠，即将放射出耀眼的光芒！

（四）

编辑部全体工作人员视稿件质量为生命，不敢有些许懈怠，我们深知这是全国专家学者20年的心血，是一项极具开创性而又十分艰辛的工作。我们肩负着填补国家学术空白、出版空白的重托。这个大型文化工程，并非三朝两夕即可一蹴而就，必须长年倾心投入。因此多年来我们一直保持着饱满的工作激情与高度的工作张力。为了保证图书的精品质量并尽早付梓，我们无年无节、终年加班而无怨无悔，个人得失早已置之度外。

全体编辑从大处着眼，力求全稿观点精辟，原创鲜明。各位编辑极尽自身多年的专业积累，倾情奉献：修正书稿的框架结构，爬梳提炼学术观点，补充遗漏的一些重要史实，匡正学术观点的一些讹误之处，并诚恳与各卷专家作者切磋沟通，务求各卷写出学术亮点，其拳拳之心殷殷之情青天可鉴。编稿之时，为求证一个字、一句话，广查典籍，数度披阅增删。青黄灯下，蹙眉凝思，不觉经年久月，眉间"川"字如刻。我们常为书稿中的精辟之处而喜不自胜，更为瑕疵之笔而扼腕叹息！于是孜孜矻矻、秉笔躬耕，一句句、一字字吟安铺稳，力求语言圆通，精炼可读。尤其进入后期阶段，每天下班时，长安街上已是灯火阑珊，我们却刚刚送走一个紧张工作的夜晚，又在迎接着一个奋力拼搏的黎明。

为了不懈地追求精品书的品质，本套丛书每卷本要经过40多道工序。我们延请了国内顶级专家为本书的质量把脉，中华书局的古籍专家刘尚慈编审已是七旬高龄，她以古籍善本为据，为我们的每卷书稿逐字逐句地核对了古籍原文，帮我们纠正了数以千计的舛误，从她那里我们学到了非常多的古籍专业知识。有时已是晚九时，老人家还没吃饭在为我们核查书稿。看到原稿不尽如人意时，老人家会动情地对我们喊起来，此时，我们感动！我们折服！这是一位学者一种全身心地忘我投入！为了这套书，她甚至放下了自己的个人著述及其他重要邀请。

中国社会科学院历史研究所李世愉研究员，为我们审查了全部书稿的史学内容，匡正和完善了书稿中的许多漏误之处，使我们受益匪浅。在我们图片组稿遇到困难之时，李老师凭借深广的人脉，给了我们以莫大的帮助。他是我们的好师长。

本书中涉及各地区少数民族及宗教问题较多，是我们最担心出错的地方。为此我们把书稿报送了国家宗教局、国家民委、中国藏学研究中心等权威机构精心审查了书稿，并得到了他们的充分肯定，使我们大受鼓舞！

我们还要感谢北京观复博物馆、大连理工大学出版社帮我们提供了许多有价值的历史图片。

为了严把书稿质量，我们把做辞书时使用的有效方法用于这部学术精品专著，即对本书稿进行了二十项"专项检查"以及后期的五十三项专项检查，诸如，各卷中的人名、地名、国名、版图、疆域、公元纪年、谥号、庙号、少数民族名称、现当代港澳台地名的表述等，由专人做了逐项审核。为使高端学术著作科普化，我们对书稿中的生僻字加了注音或简释。

其间，国家新闻出版总署贯彻执行"学术著作规范化"，我们闻风而动，请各卷作者添加或补充了书后的参考文献、索引，并逐一完善了书稿中的注释，严格执行了总署的文件规定不走样。

我们还要感谢各卷的专家作者对编辑部非常"给力"的支持与配合，为了提高书稿质量，我们请作者做了多次修改及图片补充，不时地去"电话轰炸"各位专家，一头卡定时间，一头卡定质量，真是难为了他们！然而，无论是时处酷暑还是严冬，都基本得到了作者们的高度配合，特别是和我们一起"摽"了二十年的那些老作者，真是同呼吸共命运，他们对此书稿的感情溢于言表。这是一种无言的默契，是一种心灵的感应，这是一支二十年也打不散的队伍！凭着中国学者对传承优秀传统文化的责任感，靠着一份不懈的信念和期待，苦苦支撑了二十年。在此，我们向此书的全体作者深深地鞠上一躬！致以二十年来的由衷谢意与敬意！

由于本书命运多舛迁延多年，作者中不可避免地发生了一些变化，主要是由于身体原因不能再把书稿撰写或修改工作坚持下去，由此形成了一些卷本的作者缺位。正是我们作者团队中的集体意识及合作精神此时彰显了威力——当一些卷本的作者缺位之时，便有其他卷本的专家伸出援助之手，像接力棒一样传下去，使全套丛书得以正常运行。华中师范大学的博士生导师姚伟钧教授便是其中最出力的一位。今天全书得以付梓而没有出现缺位现象，姚老师功不可没！

"西藏""新疆"原本是两个独立的部分，组稿之初，赵荣光先生殚精竭虑多方奔走物色作者，由于难度很大，终而未果，这已成为全书一个未了的心结。后期我们倾力进行了接续性的推动，在相关专家的不懈努力下，终至弥补了地区缺位的重大遗憾，并获得了有关审稿权威机构的好评。

最令我们难过的是本书"东南卷"作者、暨南大学硕士生导师、冼剑民教授没能见到本书的出版。当我们得知先生患重病时即赶赴探望，那时先生已骨瘦如柴，在酷热的广州夏季，却还身着毛衣及马甲，接受着第八次化疗。此情此景令人动容！后得知冼先生化疗期间还在坚持修改书稿，使我们感动不已。在得知冼先生病故时，我们数度哽咽！由此催发我们更加发愤加快工作的步伐。在本书出版之际，我们向冼剑民先生致以深深的哀悼！

在我们申报国家项目和有关基金之时，中国农大著名学者李里特教授为我们多次撰写审读推荐意见，如今他竟然英年早逝离我们而去，令我们万分悲痛！

在此期间，李汉昌先生也不幸遭遇重大车祸，严重影响了身心健康，在此我们致以由衷的慰问！

（五）

中国饮食文化学是一门新兴的综合学科，涉及历史学、民族学、民俗学、人类学、文化学、烹饪学、考古学、文献学、地理经济学、食品科技史、中国农业史、中国文化交流史、边疆史地、经济与商业史等诸多学科，现正处在学科建设的爬升期，目前已得到越来越多领域的关注，也有越来越多的有志学者投身到这个领域里来，应该说，现在已经进入了最好的时期，从发展趋势看，最终会成为显学。

早在1998年于大连召开的"世界华人饮食科技与文化国际学术研讨会"，即是以"建立中国饮食文化学"为中心议题的。这是继1991年之后又一次重大的国际学术会议，是1991年国际学术会议成果的继承与接续。建立"中国饮食文化学"这个新的学科，已是国内诸多专家学者的共识。在本丛书中，就有专家明确提出，中国饮食文化应该纳入"文化人类学"的学科，在其之下建立"饮食人类学"的分支学科。

为学科理论建设搭建了开创性的构架。

这套丛书的出版，是学科建设的重要组成部分，它完成了一个带有统领性的课题，它将成为中国饮食文化理论研究的扛鼎之作。本书的内容覆盖了全国的广大地区及广阔的历史空间，本书从史前开始，一直叙述到当代的21世纪，贯通时间百万年，从此结束了中国饮食文化无史和由外国人写中国饮食文化史的局面。这是一项具有里程碑意义的历史文化工程，是中国对世界文明的一种国际担当。

二十年的风风雨雨、坎坎坷坷我们终于走过来了。在拜金至上的浮躁喧嚣中，我们为心中的那份文化坚守经过了炼狱般的洗礼，我们坐了二十年的冷板凳但无怨无悔！因为由此换来的是一项重大学术空白、出版空白的填补，是中国五千年厚重文化积淀的梳理与总结，是中国优秀传统文化的彰显。我们完成了一项重大的历史使命，我们完成了老一辈学人对我们的重托和当代学人的夙愿。这二十年的泣血之作，字里行间流淌着中华文明的血脉，呈献给世人的是祖先留给我们的那份精神财富。

我们笃信，中国饮食文化学的崛起是历史的必然，它就像那冉冉升起的朝阳，将无比灿烂辉煌！

《中国饮食文化史》编辑部

二〇一三年九月